高等职业教育系列教材

机电一体化综合应用教程

主　编　段彩云　郭奉凯
副主编　孙文静　庄艳艳　王志随　刘鹏鹏　徐丕兵
参　编　张雁涛　邵艳梅　高雅楠　曲汉伟　张艳梅

机械工业出版社

本书是全国职业院校技能大赛资源的教学转化成果，以大赛项目设备为学习载体，以工作过程为导向进行编写。本书首先对机电一体化项目赛项进行介绍，然后将机电一体化项目任务书分解为6个项目予以介绍，包括：颗粒上料单元的安装与调试、加盖拧盖单元的安装与调试、检测分拣单元的安装与调试、工业机器人搬运单元的安装与调试、智能仓储单元的安装与调试、自动线系统程序优化与调试。编写过程中，本书遵循从简单到复杂、循序渐进的教学规律，将每个项目分解为若干个任务进行详细讲解，使内容易学、易懂、易上手。

本书可作为高等职业院校自动化类、机电类等相关专业的教材，也可供自学者和技术人员参考。

本书配有操作视频，可扫描书中二维码直接观看，还配有授课电子课件等，需要的教师可登录机械工业出版社教育服务网 www.cmpedu.com 免费注册后下载，或联系编辑索取（微信：13261377872；电话：010-88379739）。

图书在版编目（CIP）数据

机电一体化综合应用教程/段彩云，郭奉凯主编. —北京：机械工业出版社，2023.12

高等职业教育系列教材

ISBN 978-7-111-73928-9

Ⅰ.①机… Ⅱ.①段… ②郭… Ⅲ.①机电一体化-高等职业教育-教材 Ⅳ.①TH-39

中国国家版本馆CIP数据核字（2023）第184722号

机械工业出版社（北京市百万庄大街22号　邮政编码100037）
策划编辑：曹帅鹏　　　　　　　　　责任编辑：曹帅鹏　赵晓峰
责任校对：郑　婕　牟丽英　韩雪清　责任印制：单爱军
北京虎彩文化传播有限公司印刷
2024年1月第1版第1次印刷
184mm×260mm・10.75印张・261千字
标准书号：ISBN 978-7-111-73928-9
定价：49.00元

电话服务　　　　　　　　　　网络服务
客服电话：010-88361066　　　机　工　官　网：www.cmpbook.com
　　　　　010-88379833　　　机　工　官　博：weibo.com/cmp1952
　　　　　010-68326294　　　金　书　网：www.golden-book.com
封底无防伪标均为盗版　　机工教育服务网：www.cmpedu.com

Preface 前 言

自全国职业院校技能大赛引入"机电一体化项目"赛项以来,这一综合实训项目不断被全国广大高职院校引入到机电类专业的教学之中。通过全国及各省技能大赛的引领以及各院校多年的教学实践,"机电一体化项目"作为高等职业院校机电类专业的一门综合性实训课程,正日趋成熟。本书正是全国职业院校技能大赛资源的教学转化成果。

本书以全国职业院校技能大赛指定竞赛设备——浙江天煌科技实业有限公司(简称天煌教仪)"THJDMT-5B 型机电一体化智能实训平台"为载体,基于工作过程组织教学内容,强调专业综合技术应用,注重工程实践能力提高。本书在编写和内容安排上具有以下特点:

1) 在编写中注重学生应用能力和基本技能的培养。以大赛项目设备为学习载体,以工作过程为导向,注重职业技能和工作过程创新能力的培养,使学生更适应高等职业教育发展的需要。为贯彻党的教育方针,落实立德树人根本任务,本书在项目目标中突出了职业素养的培养要求。

2) 根据机电一体化项目任务书精心设计了 6 个项目,将每个项目又分解为若干个任务,分别进行详细讲解,使内容易学、易懂、易上手。

3) 围绕机电一体化核心技术技能展开介绍,对技术技能的关键点进行了简单分析,并插入前沿技术,在教学载体上设置实训项目,为后续学习做了充分的准备。

4) 书中的重点内容都配有实物图、三维模型,直观形象,易于学生学习理解。本书所附教学资源丰富,包含电子课件、三维动画、实操视频等,学生可以通过扫描书中的二维码进行观看。为教师教学和学生自主学习提供便利。

本书由山东商务职业学院段彩云、郭奉凯担任主编。山东商务职业学院孙文静、庄艳艳、王志随、刘鹏鹏和青岛技师学院徐丕兵任副主编。段彩云、郭奉凯负责前言的编写和全书策划指导;孙文静编写项目 1、项目 2;庄艳艳编写项目 3、项目 4;刘鹏鹏编写项目 5;徐丕兵编写项目 6。王志随、张雁涛、高雅楠参与程序编写与调试工作;曲汉伟、张艳梅、烟台船舶工业学校邵艳梅为书中动画制作、资源建设等做了大量的工作。

本书由天煌教仪黄华圣主审,审者以高度负责的精神,认真仔细地审阅了书稿,并提出了宝贵的建议和意见,在此深表感谢。

限于编者的经验、水平以及时间限制,书中难免在内容和文字上存在不足和缺陷,敬请读者批评指正。

编 者

目 录 Contents

前言

绪 论 1

项目1 颗粒上料单元的安装与调试 6

任务 1.1　颗粒上料单元的机械构件组装与调整 7
任务 1.2　颗粒上料单元电气连接与调试 12
任务 1.3　颗粒上料单元的程序编写与调试 17
任务 1.4　颗粒上料单元的故障排除 29

项目2 加盖拧盖单元的安装与调试 35

任务 2.1　加盖拧盖单元的机械组装与调整 36
任务 2.2　加盖拧盖单元的电路气路连接与调试 40
任务 2.3　加盖拧盖单元的程序编写与调试 45
任务 2.4　加盖拧盖单元故障诊断与排除 53

项目3 检测分拣单元的安装与调试 57

任务 3.1　检测分拣单元的机械组装与调整 58
任务 3.2　检测分拣单元的电路气路连接与调试 64
任务 3.3　检测分拣单元的程序编写与调试 70
任务 3.4　检测分拣单元故障诊断与排除 80

项目4 工业机器人搬运单元的安装与调试 83

任务 4.1　工业机器人搬运单元的机械构件组装与调整 84
任务 4.2　工业机器人搬运单元的电气连接与调试 90
任务 4.3　工业机器人的操作 94
任务 4.4　工业机器人搬运单元的程序编写与调试 103
任务 4.5　工业机器人搬运单元的故障排除 112

项目 5 智能仓储单元的安装与调试 117

任务 5.1　智能仓储单元的机械构件组装与调整 118
任务 5.2　智能仓储单元电路的电气连接与调试 123
任务 5.3　智能仓储单元的程序编写与调试 129
任务 5.4　智能仓储单元的故障排除 139

项目 6 自动线系统程序优化与调试 144

任务 6.1　系统的网络通信设置 145
任务 6.2　系统的组态控制 149
任务 6.3　控制程序的优化 152
任务 6.4　系统的运行调试 159

参考文献 164

绪论

一、机电一体化技术介绍

"机电一体化"英文称为 Mechatronics,是日本学者在 20 世纪 70 年代初提出来的。它是用英文 Mechanics 的前半部分和 Electronics 的后半部分结合在一起构成的一个新词,意思是机械技术和电子技术的有机结合。这一名称已得到世界各国的认可。

机电一体化技术又称为机械电子技术,是机械技术、电子技术和信息技术有机结合的产物。

机电一体化技术是综合应用机械技术、微电子技术、信息技术、自动控制技术、传感测试技术、电力电子技术、接口技术及软件编程技术等群体技术,从系统理论出发,根据系统功能目标和优化组织结构目标,以智力、动力、结构、运动和感知组成要素为基础,对各组成要素及其间的信息处理、接口耦合、运动传递、物质运动、能量变换进行研究,使得整个系统有机结合与综合集成,并在系统程序和微电子电路的有序信息流控制下,形成物质和能量的有规则运动,在多功能、高质量、高精度、高可靠性、低能耗等诸方面实现多种技术功能复合的最佳功能价值系统工程技术。

二、机电一体化大赛介绍

全国职业院校技能大赛机电一体化项目,简称机电一体化大赛,是以适应现代产业转型升级需求、检验教学水平和教学质量、推进教学改革为主要目的而举办的,比赛内容覆盖机电一体化技术、机电设备技术、工业机器人技术、电气自动化技术、智能制造装备技术等专业的核心知识和技术技能。机电一体化大赛对接 1+X 职业技能等级证书,引领了教育与产业、学校与企业、课程设置与职业岗位的深度衔接,推进了"岗课赛证"综合育人,推动了全国职业院校机电大类、自动化大类专业建设、实训基地建设、师资队伍能力提升、课程教学改革和内容优化,以及机电领域具有精湛技术、娴熟技能、创新意识和工匠精神的技术技能人才的培养。

机电一体化大赛重点检验选手在 PLC 控制技术、工业机器人应用技术、变频控制技术、伺服控制技术、工业传感器技术、电机驱动技术、气压传动技术、组态控制技术、工业现场总线等方面的知识和技能,要求选手具备系统方案规划、设备安装、电气连接、程序编写、功能调试、运行维护、故障排除、系统优化等方面分析问题和解决问题的能力,以及应用新技术、新方法提升设备性能或功能的创新能力。此外,大赛还评价选手的工作效率、临场应变、质量意识、安全意识、节能环保意识和规范操作等职业素养水平。

三、设备平台介绍

1. 了解设备整体

机电一体化大赛采用浙江天煌科技实业有限公司"机电一体化智能实训平台",如图 0-1 所示。该平台由颗粒上料单元、加盖拧盖单元、检测分拣单元、工业机器人搬运单元和智能仓储单元组成,可以满足智能装配、自动包装、自动化立体仓储及智能物流、自动检测质量控制、生产过程数据采集及控制系统等工作流程的需要,是一个完整的智能工厂模拟装置,技术参数见表 0-1。该设备应用了工业机器人技术、PLC 控制技术、变频控制技术、伺服控制技术、工业传感器技术、电机驱动技术等工业自动化相关技术,可实现空瓶上料、颗粒物料上料、物料分拣、颗粒填装、加盖、拧盖、物料检测、瓶盖检测、成品分拣、机器人抓取入盒、盒盖包装、贴标、入库等智能生产全过程。

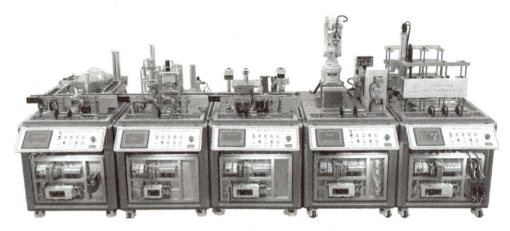

图 0-1 机电一体化智能实训平台

表 0-1 平台技术参数表

相关项目	参数说明
系统电源	单相三线制 AC 220V
设备重量	300kg
额定电压	AC 220V ±5%
额定功率	1.9kW
环境湿度	≤85%
设备尺寸	520cm×104cm×160cm(长×宽×高)
工作站尺寸	580cm×300cm×150cm(长×宽×高)
安全保护功能	急停按钮,漏电保护,过电流保护
PLC(二选一)	型号 1:FX_{5U}-32MR/FX_{5U}-64MR/FX_{5U}-64MT
	型号 2:H3U-1616MR/H3U-3232MR/H3U-3232MT
触摸屏	型号:TPC7062Ti(7in[①] 彩屏)

(续)

相关项目		参数说明
伺服系统	驱动器	型号：MR-JE-10A
	电机	型号：HG-KN13J-S100
变频器		型号：FR-D720S-0.4K-CHT
智能相机		型号：海康 MV-SC2016PC-06S-WBN
RFID		型号：CK-FR08-E00
步进系统	驱动器	型号：YKD2305M
	电机	型号：YK42XQ47-02A
工业机器人（三选一）		6轴机器人，型号为 RV-2FR，2kg，500mm，控制器 CR800-D
		6轴机器人，型号为 IRB 120，3kg，580mm，控制器 IRC5 Compact
		6轴机器人，型号为 IRB300-3-60TS5，3kg，638mm，控制器 IRCB300-B-FF
操作系统及软件		计算机操作系统：Windows 10 PLC 编程软件：GX Works3（1.070Y） AutoShop V3.02-中文版 机器人编程软件：RT toolbox3（版本：1.61P） RobotStudio 6 InoTeachPad S01 触摸屏编程软件：MCGS_嵌入版 7.2 及以上版本 办公软件：WPS Office 2016 阅读器，PDF 阅读器

① 1in＝2.54cm。

2. 了解设备组成单元构成及功能

（1）颗粒上料单元 颗粒上料单元如图 0-2 所示。它主要由工作实训台、圆盘输送模块、上料输送带模块、主输送带模块、颗粒上料模块、颗粒装填模块、触摸屏及其控制系统等组成。它的主要功能是：料瓶输送机构将空瓶逐个输送到上料输送带上，上料输送带将空瓶逐个输送到填装输送带上；同时颗粒上料机构根据系统命令将料筒内的物料推出；当空瓶到达填装位后，定位夹紧机构将空瓶固定；吸取机构将分拣到的颗粒物料吸取并放到空瓶内；瓶内颗粒物料达到设定的数量后，定位夹紧机构松开，输送带起动，将瓶子输送到下一个工位。此单元可以设定多样化的填装方式，可依颗粒物料颜色（白色与蓝色两种）、颗粒物料数量（最多4粒）进行不同的组合，产生不同的填装方式。

图 0-2 颗粒上料单元

（2）加盖拧盖单元 加盖拧盖单元如图 0-3 所示。它主要由工作实训台、加盖模块、拧盖模块、主输送带模块、备用瓶盖料仓模块、触摸屏及其控制系统等组成。它的主要功能是：瓶子被输送到加盖模块后，加盖定位夹紧机构将瓶子固定，加盖模块起动加盖程序，将盖子加到瓶子上；加上盖子的瓶子继续被送往拧盖机构，到拧盖机构下方，拧盖定位夹紧机构将瓶子固定，拧盖机构起动，将瓶盖拧紧后输送到下一站。瓶盖分为白色和蓝色两种颜色，加盖时盖子颜色随机。

（3）检测分拣单元　检测分拣单元如图0-4所示。它由工作实训台、检测模块、主输送带模块、分拣模块、分拣输送带模块、RFID识别模块、视觉检测模块、触摸屏及其控制系统等部分组成。它的主要功能是：拧盖后的瓶子经过此单元进行检测，进料传感器检测是否有物料进入；瓶子进入检测模块后，回归反射传感器检测瓶盖是否拧紧，光纤对射传感器检测瓶子内部颗粒是否符合要求，同时对瓶盖颜色进行区分；拧盖或颗粒不合格的瓶子被分拣机构推送到分拣输送带模块；分拣输送带模块可以分别对颗粒数量不合格、瓶盖未拧紧、颗粒和瓶盖均不合格的物料进行分拣；拧盖与颗粒均合格的瓶子会被输送到主输送带末端，等待机器人搬运；单元配有彩色指示灯，可根据物料情况进行不同显示。

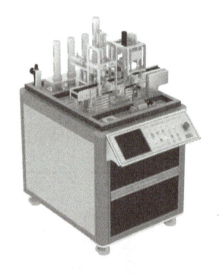 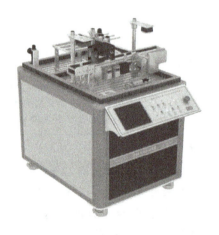

图0-3　加盖拧盖单元　　　　　　　　　　图0-4　检测分拣单元

（4）工业机器人搬运单元　工业机器人搬运单元如图0-5所示。它主要由工作实训台、工业机器人、物料升降模块、装配模块、标签库、触摸屏及其控制系统等组成。它的主要功能有：料盒补给升降模块与料盖补给升降模块分别将料盒与料盖提升起来，装配台挡料气缸伸出，料盒补给升降模块上的推料气缸将料盒推出至装配台上，装配台夹紧气缸将物料盒固定定位，工业机器人前往前站搬运瓶子至装配台物料盒内，待工业机器人将料盒放满四个瓶子后，工业机器人将盒盖吸取并将前往装配台进行装配，装完盒盖后工业机器人前往标签台，依次按照瓶盖上的颜色吸取对应的标签并进行依次贴标。

（5）智能仓储单元　智能仓储单元如图0-6所示。它主要由工作实训台、立体仓库模块、垛机模块、触摸屏及其控制系统等组成。它能通过垛机模块把机器人单元物料台上的包装盒体取出，然后按要求依次放入仓储相应仓位，可进行产品的出库、入库、移库等操作。

图 0-5　工业机器人搬运单元　　　　图 0-6　智能仓储单元

项目 1 颗粒上料单元的安装与调试

【项目情境】

颗粒上料单元（见图1-1）控制挂板的安装与接线已经完成，现需要利用客户采购回来的器件及材料，完成颗粒上料单元模型机构组装，并在该站型材桌面上安装机构模块和接气管，保证模型机构能够正确运行，系统符合专业技术规范。按任务要求在规定时间内完成本生产线的装调，以便生产线后期能够实现生产过程自动化。

图 1-1 颗粒上料单元整机图

【项目目标】

知识目标	1. 了解颗粒上料单元的安装、运行过程
	2. 熟悉上料输送带中变频器的选用和接线
	3. 熟悉生产线中典型气动元件的选用和工作原理
	4. 掌握常用生产线控制电路的工作原理及常见故障分析及检修
	5. 了解现场管理知识、安全规范及产品检验规范
技能目标	1. 会使用电工仪器工具，对本站进行电路通断、电路阻抗的检测和测量
	2. 能对本单元电气元件(如：传感器、气动阀)和显示元件进行单点故障分析和排查
	3. 能够对颗粒上料单元自动化控制要求进行分析，提出自动线PLC编程解决方案，会开展自动线系统的设计、调试工作

(续)

素质目标	1. 通过对机电一体化设备的设计和故障排查,培养解决困难的耐心和决心,遵守工程项目实施的客观规律,培养严谨科学的学习态度
	2. 通过小组实施分工,具备良好的团队协作和组织协调能力,培养工作实践中的团队精神;按照自动化国家标准和行业规范,开展任务实施,培养学生质量意识、绿色环保意识、安全用电意识
	3. 通过实训室 6S 管理,培养学生的职业素养

任务 1.1　颗粒上料单元的机械构件组装与调整

◆ 工作任务卡

任务编号	1.1	任务名称	颗粒上料单元的机械构件组装与调整
设备型号	THJDMT-5B	实施地点	
设备系统	汇川/三菱	实训学时	4 学时
参考文件	机电一体化智能实训平台使用手册		

工具、设备、耗材

类别	名称	规格型号	数量	单位
工具	内六角扳手	组套,BS-C7	1	套
	螺钉旋具	一字槽螺钉旋具、十字槽螺钉旋具	各1	把
	斜口钳	S044008	1	把
	刻度尺	得力钢尺 8462	1	把
	万用表	MY60	2	台
设备	直流电动机	24V,4.8W,620r/min	2	台
	线号管打印机	硕方线号机 TP70	2	台
	空气压缩机	JYK35-800W	1	台
耗材	15 针端子板	DB15	3	个
	不锈钢内六角圆柱头螺钉	M4×25	90	个
	不锈钢弹簧垫圈	$\phi 4mm$	80	个
	不锈钢内六角紧定螺钉	M3×8	90	个
	不锈钢弹簧垫圈	$\phi 8mm$	80	个
	不锈钢弹簧垫圈	$\phi 3mm$	70	个
	不锈钢平垫圈	$\phi 4mm$	70	个
	不锈钢平垫圈	$\phi 3mm$	80	个
	不锈钢内六角平圆头螺钉	M8×16	90	个
	不锈钢方形螺母	M6	150	个

1. 工作任务

根据单元总装图,完成展台面模块的组装与机构安装

图 示	说 明
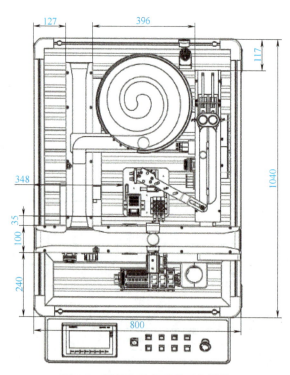 图 1-2 颗粒上料单元模块分解图	图 1-2 中： ①为上料输送带模块 ②为主输送带模块 ③为颗粒上料模块 ④为圆盘上料模块 ⑤为颗粒填装模块
图 1-3 颗粒上料单元桌面布局图	按图 1-3 所示的布局，将组装好的传送装置和物料填充装置按照合适的位置安装到型材板上，组成颗粒上料单元的机械结构

图　　示	说明
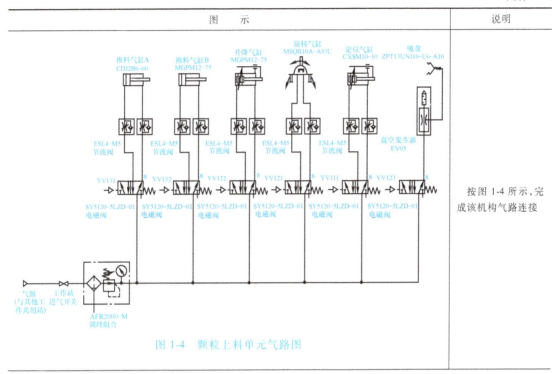 图1-4　颗粒上料单元气路图	按图1-4所示,完成该机构气路连接

2. 工作准备

(1) 技术资料：工作任务卡1份,设备说明书

(2) 工作场地：有良好的照明、通风和消防设施等条件

(3) 工具、设备领取单

(4) 建议分组实施教学,每2~3人为一组,每组配备实训设备一台

(5) 实训防护：穿戴劳保用品、工作服和防静电鞋

◆ 知识链接

1. 带传动的基本原理

带传动是利用带作为中间挠性件来传递运动或动力的一种传动方式,在机械传动中应用较为普遍。按传动原理不同,带传动分为摩擦型（如平带传动,见图1-5a）和啮合型（如齿形带传动,见图1-5b）两类。按照用途不同,带可分为用于传递动力的传动带和用于输送物品的输送带。

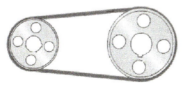
a) 摩擦型带传动

b) 啮合型带传动

图1-5　带传动示意图

平带的横剖面为扁平矩形，工作面为内表面，工作时环形内表面与带轮外表面接触。平带传动的结构简单，带较薄，挠曲性和扭转柔性好。齿形带又称为同步齿形带，它的横剖面为齿形，工作时齿形带和带轮间相互啮合，当主动轮转动时，通过齿形带拖动从动轮一起转动。齿形带结构简单，成本低，具有一定的缓冲、吸振作用。

2. 深沟球轴承的结构及特点

在机器中，轴承的功用是支承转动的轴及轴上零件，减少摩擦，轴承性能的好坏将会直接影响到机器的性能。所以，轴承是机器的重要组成部分。

轴承示意图如图 1-6 所示。轴承分为滚动轴承（见图 1-6a）和滑动轴承（见图 1-6b）两大类。

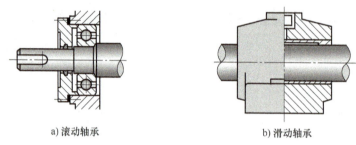

a) 滚动轴承　　　　　　　　b) 滑动轴承

图 1-6　轴承示意图

与滑动轴承相比，滚动轴承虽然抗冲击能力较差，但是起动灵敏，运转时摩擦力矩小、效率高，润滑方便，易于更换，轴承间隙亦可预紧、调整，尤其是滚动轴承中的深沟球轴承，由于其工作时摩擦系数小、极限转速高，所以应用非常广泛，是机器和汽车制造中的通用轴承。

3. 颗粒上料单元气路安装

（1）气路连接　根据该单元的气路连接图，完成该机构执行元件的电气连接和气路连接，确保各气缸运行顺畅、平稳和电气元件的功能正确。

（2）颗粒上料单元气路调试　颗粒上料单元气路部分共用到六个电磁阀，有三个安装在汇流板上，其他三个悬挂在对应的气缸旁边，在 PLC 的控制下控制各种气缸。打开气源，利用小一字螺钉旋具对气动电磁阀的测试旋钮进行操作，按下测试旋钮，气缸状态发生改变即为气路连接正确。

注意：连接电磁阀、气缸时，注意气管走向应按序排布，均匀美观，不能交叉、打折；气管要在快速接头中插紧，不能有漏气现象。

◆ 任务实施过程卡

颗粒上料单元的机械构件组装与调整过程卡					
模块名称	颗粒上料单元的机械构件组装与调整		实施人		
图纸编号			实施时间		
工作步骤	所需零件名称		数量	所需工具	计划用时
上料输送带模块					

（续）

工作步骤	所需零件名称	数量	所需工具	计划用时
主输送带模块				
颗粒上料模块				
圆盘上料模块				
颗粒填装模块				
编制人		审核人		第　页

◆ 考核与评价

任务	评分表　　　　学年		工作形式 □个人 □小组分工 □小组		工作时间 _____min	
		训练内容		配分	学生自评	教师评分
颗粒上料单元的机械构件组装与调整	主输送带模块零件应齐全,零件安装部位应正确;缺少零件,零件安装部位不正确,每处扣2分			10		
	上料输送带模块零件应齐全,零件安装部位应正确;缺少零件,零件安装部位不正确,每处扣2分			10		
	颗粒填装模块零件应齐全,零件安装部位应正确;缺少零件,零件安装部位不正确,每处扣2分			10		
	圆盘模块机构,模块零件应齐全,零件安装部位应正确;缺少零件,零件安装部位不正确,每处扣2分			10		
	各模块机构固定螺钉应紧固,无松动;固定螺钉松动,每处扣1分,配分扣完为止			10		
	输送线型材主体与脚架立板应垂直,不成直角,每处0.1分,配分扣完为止			10		
	各模块机构应齐全,模块在桌面前后方向定位尺寸与布局图给定标准尺寸误差应不超过±3mm;超过不得分,每错漏1处扣2分,共5处,配分扣完为止			10		
	使用扎带绑扎气管,扎带间距应小于60mm,均匀间隔,剪切后扎带长度≤1mm,一处不符合要求扣1分			10		
	气源二联件压力表调节到0.4~0.5MPa			8		
	气路测试,人工用小一字螺钉旋具按下电磁阀测试按钮,检查气动连接回路是否正常,有无漏气现象,回路不正常或有漏气现象,每处扣2分,共6个气缸,扣完为止			12		
	合计			100		

◆ **总结与提高**

任务完成后，学生根据任务实施情况，分析存在的问题和原因，填写分析表，指导教师对任务实施情况进行讲评。

任务实施过程	存在的问题	解决办法
工具使用		
识读图纸		
安装质量		
安全文明生产		

任务1.2 颗粒上料单元电气连接与调试

◆ **工作任务卡**

任务编号	1.2	任务名称	颗粒上料单元电气连接与调试
设备型号	THJDMT-5B	实施地点	
设备系统	汇川/三菱	实训学时	4学时
参考文件	机电一体化智能实训平台使用手册		

工具、设备、软件、耗材				
类别	名称	规格型号	数量	单位
工具	内六角扳手	组套,BS-C7	1	套
	螺钉旋具	一字槽螺钉旋具、十字槽螺钉旋具	各1	把
	斜口钳	S044008	1	把
	刻度尺	得力钢尺 8462	1	把
	万用表	MY60	2	台
设备	线号管打印机	硕方线号机 TP70	2	台
	空气压缩机	JYK35-800W	1	台
软件	汇川编程软件	AutoShop V3.02	1	套
	三菱编程软件	GX Works3	1	套
耗材	气管	PU 软管,蓝色,6mm	5	m
	热缩管	1.5mm	1	m
	导线	0.75mm,黑	10	m
	接线端子	E-1008,黑	200	个
	光纤头	E32	10	条
	高精度光纤传感器	NPN	10	个
	冷压接线端子	SV1.25-4	50	个
	扎带	3×120,黑	50	条
	电磁阀	4V210-08	5	个
	37针端子板	DB37	2	个
	磁性开关	NPN	5	条

1. 工作任务

请根据电气接线图，完成该单元中：
(1) 各接线端子电路的连接
(2) 传感器电路连接与调试
(3) 变频器的接线、参数设置与调试

(续)

图 示	说 明
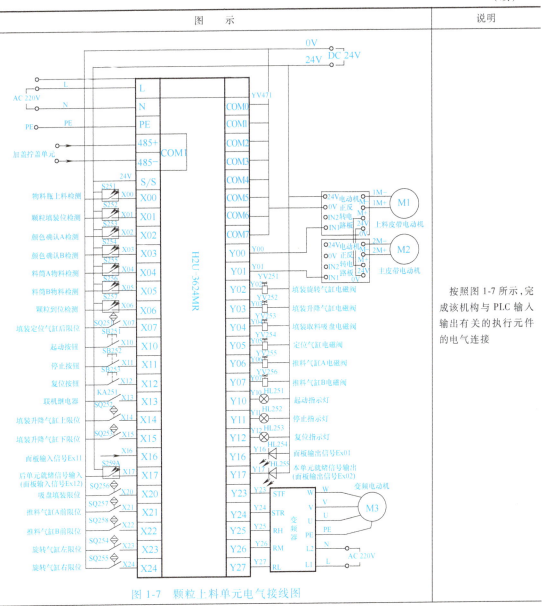 图 1-7 颗粒上料单元电气接线图	按照图 1-7 所示,完成该机构与 PLC 输入输出有关的执行元件的电气连接

2. 工作准备

(1) 技术资料:工作任务卡 1 份;设备说明书
(2) 工作场地:有良好的照明、通风和消防设施等条件
(3) 工具、设备领取单
(4) 建议分组实施教学,每 2~3 人为一组,每组配备实训设备一台
(5) 实训防护:穿戴劳保用品、工作服和防静电鞋

◆ 知识链接

颗粒上料单元的循环选料输送带使用了变频器控制,交流异步电动机的调速和方向控制都是由变频器完成的。

1. 了解变频调速原理

变频调速，就是用变频器将频率固定（通常为工频 50Hz）的交流电（三相或单相的）变换成频率连续可调（多数为 0～400Hz）的三相交流电源，以此作为电动机工作电源。当变频器输出电源的频率 f_1 连续可调时，电动机的同步转速 n_0 也连续可调，又因为异步电动机的转子转速 n 总是比同步转速 n_0 略低一些，从而 n 也连续可调。

2. 学习变频器 FR-D7

颗粒上料单元的筛选机构应用了一套变频控制系统，其电动机和变频器的型号为 Z2D1024GN-18S/2GN100K、FR-D720S-0.4K-CHT。该型号为单相 220V 级别，电源接线如图 1-8 所示。

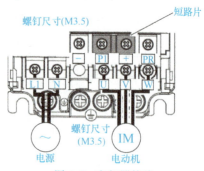

图 1-8 变频器接线

1）变频器与 PLC 接线如图 1-9 所示，变频器端子说明如下。

端子记号	端子名称	端子功能说明	
STF	正转起动	STF 信号 ON 时为正转，OFF 时为停止	STF、STR 信号同时 ON 时变成停止
STR	反转起动	STR 信号 ON 时为反转，OFF 时为停止	
RH、RM、RL	多段速度选择	用 RH、RM 和 RL 信号的组合可以选择多段速度	
SD	接点输入公共端（漏型）（初始设定）	接点输入端子（漏型逻辑）的公共端子	
	外部晶体管公共端（源型）	源型逻辑时当连接晶体管输出（即集电极开路输出），例如可编程控制器（PLC）时，将晶体管输出用的外部电源公共端接到该端子时，可以防止因漏电引起的误动作	
	DC 24V 电源公共端	DC 24V、0.1A 电源（端子 PC）的公共输出端子 与端子 5 及端子 SE 绝缘	

2）变频器参数设置。以设定 Pr.1 上限频率为 50Hz 为例，如图 1-10 所示。

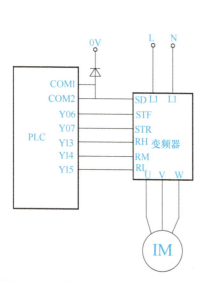

图 1-9 变频器与 PLC 接线及其端子说明

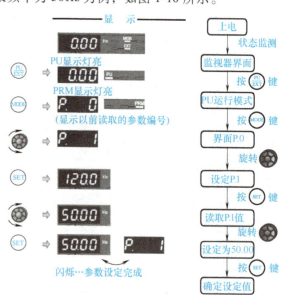

图 1-10 变频器参数设置

3）设置变频器的参数，见表1-1。

表1-1 变频器参数设置

序号	参数	初始值	设定值
Pr.1	上限频率/Hz	1200	50
Pr.2	下限频率/Hz	0	10
Pr.4	多段速设定（高速）/Hz	50	45
Pr.5	多段速设定（中速）/Hz	30	35
Pr.6	多段速设定（低速）/Hz	10	25
Pr.7	加速时间/s	5	1
Pr.8	减速时间/s	5	1
Pr.79	运行模式选择	0	04

◆ 任务实施过程卡

颗粒上料单元电气连接与调试过程卡					
模块名称	颗粒上料单元电气连接与调试		实施人		
图纸编号			实施时间		
工作步骤	所需零件名称	数量	所需工具		计划用时
端子排连接					
传感器元件电路连接与调试					
变频器的接线、参数设置与调试					
编制人			审核人		第　页

◆ 考核与评价

评分表 _____学年		工作形式 □个人 □小组分工 □小组		工作时间 _____min	
任务	训练内容		训练要求	学生自评	教师评分
颗粒上料单元电气连接与调试	元件固定（配20分）	元件固定牢靠	元件固定不牢靠，每个扣5分，配分扣完为止		
	PLC控制电动机功能（配30分）	上料输送带电动机运行正常；主输送带电动机运行正常；交流电动机运行正常	1.上料输送带电动机不能运行，扣10分 2.主输送带电动机不能运行，扣10分 3.交流电动机不能运行，扣10分		

(续)

评分表 _____学年		工作形式 □个人 □小组分工 □小组		工作时间 _____min	
任务	训练内容		训练要求	学生自评	教师评分
颗粒上料单元电气连接与调试	导线安装（配10分）	接线端子安装正确	1. 接线端子安装位置错误，每处扣2分，配分扣完为止 2. 接线端子安装不紧固，每处扣1分，配分扣完为止		
	线槽固定（配10分）	线槽安装牢靠，导线出线槽整齐	1. 线槽安装不结实，每处扣3分，配分扣完为止 2. 导线出线槽不整齐，每处扣3分，配分扣完为止		
	导线压接针形端子（配10分）	针形端子压接牢固；导线长短合适；针形端子大小合适	1. 针形端子压接不紧，每个扣2分 2. 导线漏铜，每处扣1分 3. 针形端子大小不合适，每个扣1分		
	导线穿线号（配10分）	导线两端穿上相同线号	导线不穿线号，每处扣1分，配分扣完为止		
	安全文明生产（配10分）	劳动保护用品穿戴整齐；遵守操作规程；讲文明礼貌；操作结束要清理现场	1. 操作中，违反安全文明生产考核要求的任何一项，扣5分，配分扣完为止 2. 当发现学生有重大事故隐患时，要立即予以制止，扣5分 3. 穿戴不整洁，扣2分；设备不还原，扣5分；现场不清理，扣5分		
		合计			

◆ **总结与提高**

任务完成后，学生根据任务实施情况，分析存在的问题和原因，填写分析表，指导教师对任务实施情况进行讲评。

任务实施过程	存在的问题	解决办法
工具使用		
识读图纸		
安装质量		
安全文明生产		

任务 1.3　颗粒上料单元的程序编写与调试

◆ **工作任务卡**

任务编号	1.3	任务名称	颗粒上料单元的程序编写与调试
设备型号	THJDMT-5B	实施地点	
设备系统	汇川/三菱	实训学时	4学时
参考文件	机电一体化智能实训平台使用手册		

工具、设备、软件、耗材

类别	名称	规格型号	数量	单位
工具	内六角扳手	组套,BS-C7	1	套
	螺钉旋具	一字槽螺钉旋具、十字槽螺钉旋具	各1	把
	斜口钳	S044008	1	把
	刻度尺	得力钢尺 8462	1	把
	万用表	MY60	2	台
设备	线号管打印机	硕方线号机 TP70	2	台
	空气压缩机	JYK35-800W	1	台
软件	汇川编程软件	AutoShop V3.02	1	套
	MCGS 软件	MCGS7.6 嵌入版	1	套
	三菱编程软件	GX Works3	1	套
耗材	气管	PU 软管,蓝色,6mm	5	m
	热缩管	1.5mm	1	m
	导线	0.75mm,黑	10	m
	接线端子	E-1008,黑	200	个

1. 工作任务

请完成颗粒上料单元控制程序、触摸屏工程设计并进行单机调试,保证能够正确运行,以便生产线后期能够实现生产过程自动化

图 示	说 明
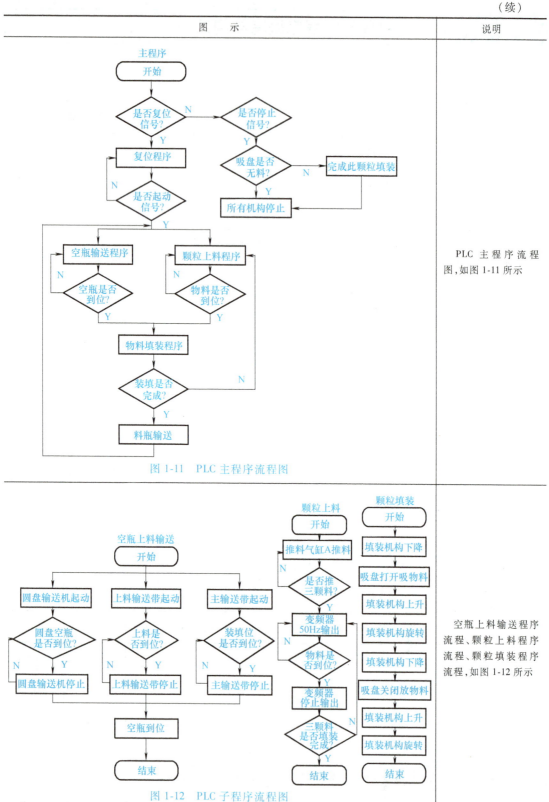 图 1-11　PLC 主程序流程图 图 1-12　PLC 子程序流程图	PLC 主程序流程图，如图 1-11 所示 空瓶上料输送程序流程、颗粒上料程序流程、颗粒填装程序流程，如图 1-12 所示

（续）

图　示	说明
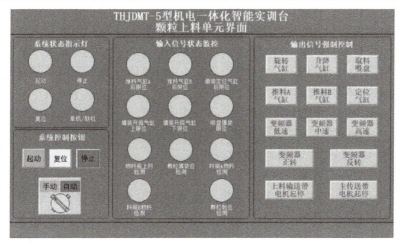 图 1-13　人机界面	人机界面整体设计，如图 1-13 所示

2. 工作准备

(1) 技术资料：工作任务卡 1 份；设备说明书

(2) 工作场地：有良好的照明、通风和消防设施等条件

(3) 工具、设备领取单

(4) 建议分组实施教学，每 2~3 人为一组，每组配备实训设备一台

(5) 实训防护：穿戴劳保用品、工作服和防静电鞋

◆ 知识链接

1. 汇川 PLC 及编程软件介绍

1）设备使用的 H3U 系列 PLC，隶属国产汇川第三代小型 PLC，属于通用型 PLC，点数覆盖全面，从 20 点到 128 点一应俱全，最大可扩展至 256 点。H3U 系列 PLC 采用高性能 CPU+FPGA 设计框架，因此可以提供更加实时的控制以及精确的脉冲控制功能，并提供更加丰富的通信接口。配合优秀的固件设计和集成开发环境（AutoShop）极度简化设计。

2）汇川公司开发了 AutoShop 编程后台软件，在该软件环境下，可进行 H1U/H2U/H3U 系列 PLC 用户程序的编写、下载和监控等功能。

3）AutoShop 环境提供了梯形图、步进梯形图、SFC、指令表等编程语言，用户可选用自己熟悉的编程语言进行编程，根据 PLC 应用系统的控制工艺要求，设计程序。编程过程中，可随时进行编译，及时检查和修正编程错误。

2. 三菱 PLC 及编程软件

FX_{5U} 是三菱新一代小型可编程控制器，其主机取消了传统的圆形 422 编程口，内置了以太网接口和 2 入 1 出模拟量以及 RS-485 接口，此 PLC 编程需要使用 GX Works3 软件。

控制规模：16~384 点（包括 CC-LINK I/O），内置独立 3 轴 100kHz 定位功能（晶体管输出型），基本单元左侧均可以连接功能强大简便易用的适配器。GX Works3 是三菱 PLC 的

编程软件，支持梯形图、指令表、SFC、ST及FB、Label等语言程序设计。

3. 触摸屏

TPC是北京昆仑通态自动化软件科技有限公司自主生产的嵌入式一体化触摸屏系列型号。TPC7062TX是一套以先进的Cortex-A8 CPU为核心（主频600MHz）的高性能嵌入式一体化触摸屏。该产品设计采用了7in（1in=2.54cm）高亮度TFT液晶显示屏（分辨率800×480像素），四线电阻式触摸屏（分辨率4096×4096像素）。同时还预装了MCGS嵌入式组态软件（运行版），具备强大的图像显示和数据处理功能。

TPC7062TX有2个USB接口，USB1口为主口，可连接外部U盘用于更新工程等功能，USB2口为从口，可连接计算机的USB口用于下载工程。TPC7062TX配置了一个9针串口，同时具有RS232（COM1）和RS485（COM2）通信功能。

4. MCGS工控组态软件

MCGS是一套基于Windows平台的，用于快速构造和生成上位机监控系统的组态软件，MCGS为用户提供了解决实际工程问题的完整方案和开发平台，能够完成现场数据采集、实时和历史数据处理、报警和安全机制、流程控制、动画显示、趋势曲线和报表输出以及企业监控网络等功能。

（1）MCGS组态软件常用术语

1）工程：用户应用系统的简称。引入工程的概念，是使复杂的计算机专业技术更贴近于普通工程用户。在MCGS组态环境中生成的文件称为工程文件，扩展名为.mcg，存放于MCGS目录的WORK子目录中。如"D:\MCGS\WORK\815Q机电一体系统.mcg"。

2）对象：操作目标与操作环境的统称。如窗口、构件、数据、图形等皆称为对象。

3）属性：对象的名称、类型、状态、性能及用法等特征的统称。

4）构件：具备某种特定功能的程序模块，可以用VB、VC等程序设计语言编写，通过编译，生成DLL、OCX等文件。用户对构件设置一定的属性，并与定义的数据变量相连接，即可在运行中实现相应的功能。

5）可见度：指对象在窗口内的显现状态，即可见与不可见。

6）变量类型：MCGS定义的变量有五种类型，即数值型、开关型、字符型、事件型和组对象。

7）组对象：用来存储具有相同存盘属性的多个变量的集合，内部成员可包含多个其他类型的变量。组对象只是对有关联的某一类数据对象的整体表示方法，而实际的操作则均针对每个成员进行。

8）父设备：本身没有特定功能，但可以和其他设备一起与计算机进行数据交换的硬件设备。如串口通信父设备。

9）子设备：必须通过一种父设备与计算机进行通信的设备。

（2）建立MCGS工程（以颗粒上料工作站为例） 打开MCGS软件，进入主界面，如图1-14所示。

在菜单"文件"中选择"新建工程"菜单项。根据触摸屏型号选择TCP类型，设定工程背景和网格大小，如图1-15所示。

在MCGS组态平台上，单击"用户窗口"标签，在"用户窗口"标签中单击"新建窗口"按钮，则产生新"窗口0"选项，如图1-16所示。

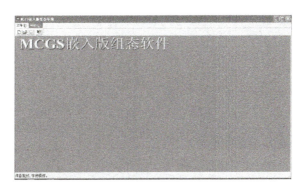

图 1-14　MCGS 软件主界面

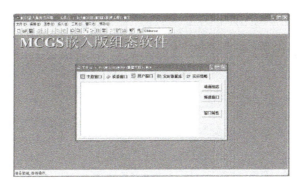

图 1-15　新建工程

选中"窗口0"选项，单击"窗口属性"命令，进入"用户窗口属性设置"窗口，将"窗口名称"改为"颗粒上料工作站"；其他不变，单击"确认"按钮，如图1-17所示。

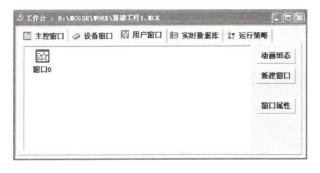

图 1-16　新建窗口

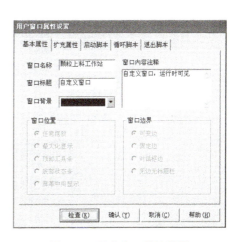

图 1-17　用户窗口属性设置

选中刚创建的"颗粒上料工作站"用户窗口，单击"动画组态"命令，进入动画制作窗口，如图1-18所示。

单击工具条中的"工具箱"图标，则打开"工具箱"，可进行画面的编辑，如图1-19所示。

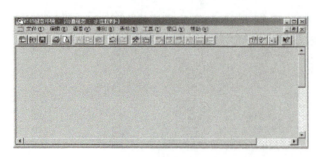

图 1-18 动画制作窗口

图 1-19 画面编辑

颗粒上料单元组态画面，如图 1-20 所示。指示灯输入信息为 1 时为绿色，输入信息为 0 时保持灰色。按钮强制输出 1 时为红色，按钮强制输出 0 时为灰色，触摸屏上必须设置一个手动/自动按钮，只有在该按钮被按下，且单元处于"单机"状态，手动强制输出控制按钮才有效。

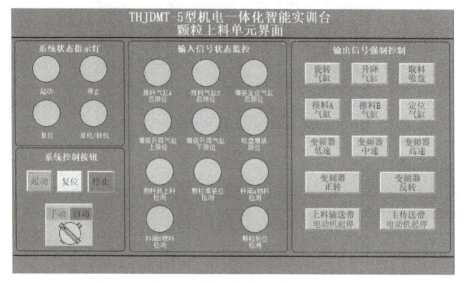

图 1-20 颗粒上料单元组态画面

单击工作台的"实时数据库"窗口标签，进入实时数据库窗口。按"新增对象"或"成组增加"按钮，在窗口的数据变量列表中，增加新的数据变量，如图 1-21 所示。

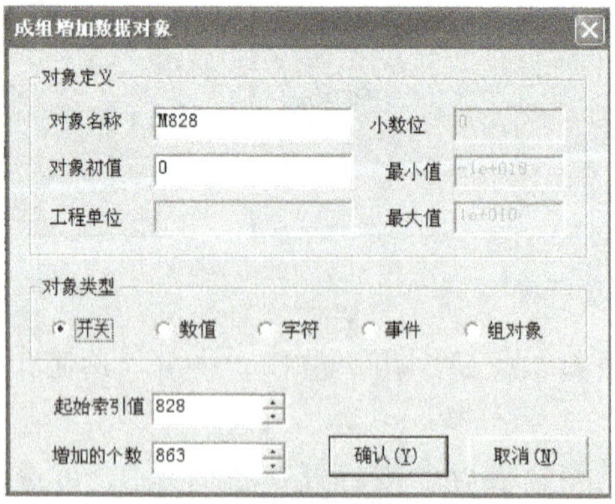

图 1-21 增加新数据变量

在用户窗口中，将图形对象与实时数据库中的数据对象建立相关性连接，并设置相应的动画属性。如"起动"指示灯的设置连接，其他图形对象设置类似，如图1-22所示。

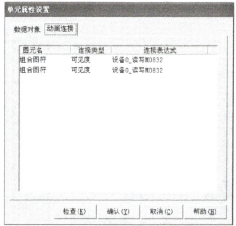

图1-22　动画属性

在"设备窗口"中双击"设备窗口"进入，单击工具条中的"工具箱"图标，打开"设备工具箱"，如图1-23所示。

图1-23　设备管理

添加设备成功后，双击"设备0--[三菱_FX系列编程口]"选项，进入"设备编辑窗口"，如图1-24所示。

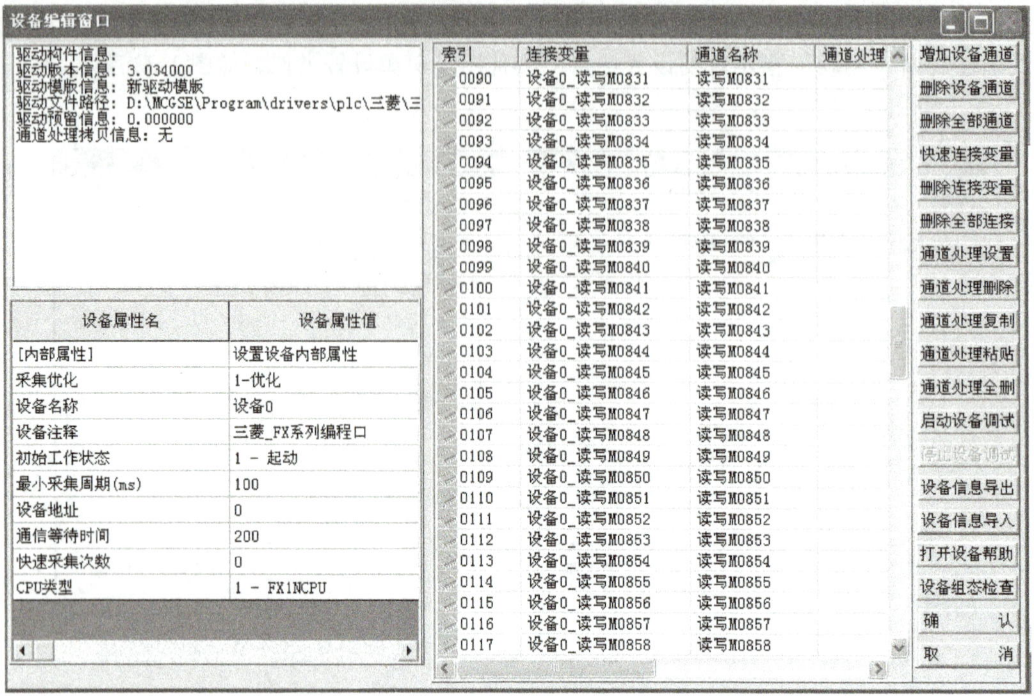

图 1-24 设备属性设置

组态软件中颗粒上料单元监控画面数据见表 1-2。

表 1-2 颗粒上料单元监控画面数据

序号	名称	类型	功能说明
1	吸盘填装限位	位指示灯	吸盘填装限位指示灯
2	推料气缸 A 后限	位指示灯	推料气缸 A 前限指示灯
3	推料气缸 B 后限	位指示灯	推料气缸 B 前限指示灯
4	起动	位指示灯	起动状态指示灯
5	停止	位指示灯	停止状态指示灯
6	复位	位指示灯	复位状态指示灯
7	单/联机	位指示灯	单/联机状态指示灯
8	物料瓶上料检测	位指示灯	物料瓶上料检测指示灯
9	颗粒填装位检测	位指示灯	颗粒填装位检测指示灯
10	料筒 A 物料检测	位指示灯	料筒 A 物料检测指示灯
11	料筒 B 物料检测	位指示灯	料筒 B 物料检测指示灯
12	颗粒到位检测	位指示灯	颗粒到位检测指示灯
13	填装定位气缸后限	位指示灯	填装定位气缸后限指示灯
14	填装升降气缸上限	位指示灯	填装升降气缸上限指示灯
15	填装升降气缸下限	位指示灯	填装升降气缸下限指示灯
16	上料输送带电动机起停	标准按钮	上料输送带电动机起停手动输出
17	主输送带电动机起停	标准按钮	主输送带电动机起停手动输出

(续)

序号	名称	类型	功能说明
18	旋转气缸	标准按钮	旋转气缸电磁阀手动输出
19	升降气缸	标准按钮	升降气缸电磁阀手动输出
20	取料吸盘	标准按钮	取料吸盘电磁阀手动输出
21	定位气缸	标准按钮	定位气缸电磁阀手动输出
22	推料气缸 A	标准按钮	推料气缸 A 电磁阀手动输出
23	推料气缸 B	标准按钮	推料气缸 B 电磁阀手动输出
24	变频电动机正转	标准按钮	变频电动机正转手动输出
25	变频电动机反转	标准按钮	变频电动机反转手动输出
26	变频电动机高速	标准按钮	变频电动机高速手动输出
27	变频电动机中速	标准按钮	变频电动机中速手动输出
28	变频电动机低速	标准按钮	变频电动机低速手动输出
29	手动/自动	开关	手动/自动模式切换
30	起动	标准按钮	与实体起动按钮功能相同
31	停止	标准按钮	与实体停止按钮功能相同
32	复位	标准按钮	与实体复位按钮功能相同

在"设备属性设置"中,可以根据需要增加或删除通道。在所要连接的通道中单击鼠标右键,到实时数据库中所对应的变量,单击"确认"按钮。在"设备调试"中可以看到数据变化。将触摸屏与 PLC 连接好,如图 1-25 所示。写入程序,运行设备,就能监控到数据的变化。

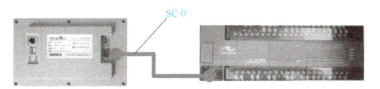

图 1-25 触摸屏与 PLC 连接

◆ **任务实施过程卡**

颗粒上料单元的程序编写与调试过程卡			
模块名称	颗粒上料单元的程序编写与调试	实施人	
图纸编号		实施时间	
参数设置	参数或变量名称	对应功能	参数或变量名称	对应功能

(续)

	功能要求	功能检查	实施时间
单机自动运行过程	(1)上电,系统处于单机、停止状态		
	(2)在停止状态下,按下复位按钮,该单元开始复位		
	(3)在复位状态下,按下起动按钮,单元起动: ①起动指示灯亮 ②停止指示灯灭 ③复位指示灯灭 ④停止或运行状态下,按起动按钮无效		
	(4)推料气缸A推出3颗白色物料		
	(5)颗粒上料机构起动高速运行,变频器以50Hz频率输出		
	(6)当白色物料到达取料位后,颗粒到位检测传感器动作,颗粒上料机构停止		
	(7)填装机构下降		
	(8)吸盘打开,吸住物料		
	(9)填装机构上升		
	(10)填装机构转向装料位		
	(11)在第4步开始的同时: ①上料输送带逐个将空瓶输送到主输送带 ②瓶子小于20cm的间隔		
	(12)当空瓶到达填装位后: ①填装定位气缸伸出,将空瓶固定 ②主输送带停止		
	(13)当第(11)步和第(12)都完成后,填装机构下降		
	(14)填装机构下降到吸盘填装限位开关感应到位后,吸盘关闭,物料顺利放入瓶子,无任何碰撞现象		
	(15)填装机构上升		
	(16)填装机构转向取料位		
	(17)当瓶子未装满3颗物料时,重新开始第(7)步。否则,进入第(19)步		
	(18)填装定位气缸缩回		
	(19)主输送带起动,将瓶子输送到下一工位		
	(20)循环进入第(6)步,进行下一个瓶子的填装		
	(21)在任何起动运行状态下,按下"停止"按钮,该单元立即停止,所有机构不工作: ①停止指示灯亮 ②起动指示灯灭 ③复位指示灯灭		

◆ 考核与评价

评分表 _____学年		工作形式 □个人 □小组分工 □小组	工作时间 _____min	
任务	训练内容		配分	学生自评	教师评分
运行功能测试	(1)上电,系统处于停止状态。停止指示灯亮,起动和复位指示灯灭	2		
	(2)在停止状态下,按下复位按钮,该单元复位,复位过程中:			
	①复位指示灯闪烁(2Hz)	4		
	②所有机构回到初始位置	4		
	③复位完成后,复位指示灯常亮,起动和停止指示灯灭	4		
	④运行或复位状态下,按起动按钮无效	4		
	(3)在"复位"就绪状态下,按下起动按钮,单元起动,起动指示灯亮,停止和复位指示灯灭	2		
	(4)推料气缸A推出3颗白色物料,出现卡料不得分	6		
	(5)输送带起动高速运行,变频器以50Hz频率输出	2		
	(6)当白色物料到达取料位后,颗粒到位检测传感器动作,颗粒上料机构输送带停止	2		
	(7)填装机构下降	2		
	(8)吸盘打开,吸住物料	2		
	(9)填装机构上升	2		
	(10)填装机构转向装料位	2		
	(11)在第(4)步开始的同时:			
	①圆盘输送机构开始转动	2		
	②上料输送带与主输送带同时起动	2		
	③当圆盘空瓶到位检测传感器检测到空瓶时,圆盘输送机构停止,出现一次多个空瓶上料不得分	2		
	④上料输送带将空瓶输送到主输送带,上料检测传感器感应到空瓶,上料输送带停止,出现空瓶翻倒不得分	2		
	(12)当颗粒填装位检测传感器检测到空瓶,并等待空瓶到达填装位时填装定位气缸伸出,将空瓶固定	2		
	(13)当第(10)步和第(12)步都完成后,填装机构下降	2		
	(14)填装机构下降到吸盘填装限位开关感应到位后:			
	①吸盘关闭	2		
	②物料顺利放入瓶子,出现碰撞、掉料不得分	2		
	(15)填装机构上升	2		
	(16)填装机构转向取料位	2		
	(17)瓶子装满3颗白色物料	6		
	(18)填装定位气缸缩回	2		
	(19)瓶子输送到下一工位	2		

(续)

评分表 _____学年		工作形式 □个人 □小组分工 □小组	工作时间 _____min	
任务	训练内容	配分	学生自评	教师评分
运行功能测试	(20) 循环进入第(4)步,进行下一个瓶子的填装	2		
运行功能测试	(21) 在任何起动运行状态下,按下停止按钮:			
运行功能测试	①若当前填装机构吸有物料,则应在完成第(15)步后停止,否则立即停止,所有机构不工作	2		
运行功能测试	②操作面板和触摸屏上的停止指示灯亮,起动指示灯灭,复位指示灯灭	4		
触摸屏功能测试	触摸屏界面上有无"颗粒上料单元界面"字样	2		
触摸屏功能测试	触摸屏画面有无错别字,每错一个字扣0.5分,配分扣完为止	5		
触摸屏功能测试	布局画面是否符合任务书要求,若不符合,扣1分	1		
触摸屏功能测试	15个指示灯有且功能正确;一个指示缺失或功能不正确扣0.5分,扣完为止	8		
触摸屏功能测试	16个按钮和1个开关全有且功能正确;一个按钮缺失或功能不正确扣0.5分,配分扣完为止	8		
	合计	100		

◆ 总结与提高

任务完成后,学生根据任务实施情况,分析存在的问题和原因,填写分析表,指导教师对任务实施情况进行讲评。

任务实施过程	存在的问题	解决办法
工具使用		
识读图纸		
安装质量		
安全文明生产		

◆ 任务拓展

1. 控制要求

初始位置:上料输送带停止,主输送带停止,推料气缸A缩回,推料气缸B缩回,推料气缸C缩回,填装定位气缸缩回,填装机构处于物料吸取位置上方。气源二联件压力表调节到0.5MPa。在上料输送带上人工放置6个空瓶,间距小于10mm,A料筒内放置10颗白色物料,B料筒内放置10颗蓝色物料,C料筒内放10颗黑色物料。

2. 控制流程

1) 上电,系统处于停止状态下。停止指示灯亮,起动和复位指示灯灭。

2) 在停止状态下,按下复位按钮,该单元复位,复位过程中,复位指示灯闪亮,所有机构回到初始位置。复位完成后,复位指示灯常亮,起动和停止指示灯灭。运行或复位状态下，按起动按钮无效。

3）在复位就绪状态下，按下起动按钮，单元起动，起动指示灯亮，停止和复位指示灯灭。

4）根据人机界面设定装瓶的物料组合，要求1蓝1白1黑，且按上述顺序依次推料。

5）循环输送带起动高速运行，变频器以50Hz频率输出，到达到位信号时输送带停止。

6）当输送带机构上的颜色确认检测传感器检测到符合条件的物料时，则进入第7）步，如果不符合条件，以20Hz的速度反转5s后停止，等待人工取走物料后，重新按下起动按钮，重新开始。

7）填装机构下降。

8）吸盘打开，吸住物料。

9）填装机构上升。

10）填装机构转向装料位。

11）在第5）步开始的同时，上料输送带与主输送带同时起动，当物料瓶上料检测传感器检测到空瓶时，上料输送带停止，当主输送带上的空瓶移动一段距离后，上料输送带动作，继续将空瓶以小于20cm的间隔，逐个输送到主输送带。

12）当颗粒填装位检测传感器检测到空瓶，并等待空瓶到达填装位时，主输送带停止，填装定位气缸伸出，将空瓶固定。

13）当第11）步和第12）都完成后，填装机构下降。

14）填装机构下降到吸盘填装限位开关感应到位后，吸盘关闭，物料顺利放入瓶子，无任何碰撞现象。

15）填装机构上升。

16）填装机构转向取料位。

17）当瓶子装满3颗物料后，进入第11）步。否则重新开始第4）步。

18）填装定位气缸缩回。

19）主输送带起动，将瓶子输送到下一工位。

20）循环进入第4）步。

21）在任何起动运行状态下，按下停止按钮，该单元停止工作，停止指示灯亮，起动和复位指示灯灭。

任务1.4　颗粒上料单元的故障排除

◆ 工作任务卡

任务编号	1.4	任务名称	颗粒上料单元的故障排除
设备型号	THJDMT-5B	实施地点	
设备系统	汇川/三菱	实训学时	4学时
工具、设备、耗材			

(续)

类别	名称	规格型号	数量	单位
工具	内六角扳手	组套,BS-C7	1	套
	螺钉旋具	一字槽螺钉旋具、十字槽螺钉旋具	各1	把
	斜口钳	S044008	1	把
	刻度尺	得力钢尺 8462	1	把
	万用表	MY60	2	台
设备	线号管打印机	硕方线号机 TP70	2	台
	空气压缩机	JYK35-800W	1	台
耗材	气管	PU 软管,蓝色,6mm	5	m
	热缩管	1.5mm	1	m
	导线	0.75mm,黑	10	m
	接线端子	E-1008,黑	200	个

1. 工作任务

依据颗粒上料单元要求,对单元进行运行调试,排除电气线路及元器件等故障,确保单元内电路、气路及机械机构能正常运行;并将故障现象描述、故障部件分析、排除步骤填写在记录表中

例如故障现象:按下起动按钮后,循环选料单元输送带不动

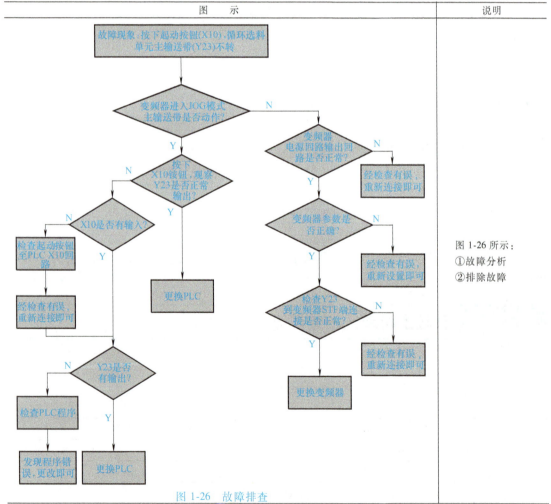

图 1-26 故障排查

图 1-26 所示:
① 故障分析
② 排除故障

(续)

2. 工作准备
（1）技术资料：工作任务卡 1 份，设备说明书
（2）工作场地：有良好的照明、通风和消防设施等条件
（3）工具、设备领取单
（4）建议分组实施教学，每 2~3 人为一组，每组配备实训设备一台
（5）实训防护：穿戴劳保用品、工作服和防静电鞋

◆ 知识链接

1. 电路故障

颗粒上料单元在组装过程中，由于材料原因或者操作有误，会产生故障。亦或上料单元在长期使用过程中，出现故障也在所难免。故障大体分为机械故障、气路故障和电路故障，其中简单的机械故障和气路故障通过观察就能够确定，然后通过调整或者更换元件即可排除故障，而电气故障一般比较复杂，通常需要用仪表来测量，所以，本任务重点讨论电路故障。

电路故障就是电路出现了异常状况。对于一个复杂的系统来说，要在大量的电气元件和线路中迅速、准确地找出故障是不容易的。分析和处理故障的过程，就是从故障现象出发，通过测试，做出分析判断，逐步找出故障的过程。

2. 电路故障查找方法

查找故障的方法有很多，以下是几种常用的方法。

（1）直观检查法　直观检查法是指不用任何仪器仪表，利用人的视觉、听觉、嗅觉和触觉来查找故障的方法。直观检查法包括不通电检查和通电观察。

1）不通电检查。检查各元器件的外观是否良好，有无烧焦或裂痕；导线有无断线或者绝缘损坏；电源电压的极性是否接反；继电器线圈或常开/常闭触点是否错接；各接线端子是否接触正常。

2）通电观察。看：通电后是否有打火、冒烟现象；听：通电后是否有异响；闻：有无焦煳等异味出现；一旦发现有异常时，应立即断电。

（2）电阻法　在断电条件下，根据电路原理图，用万用表电阻挡测量电路电阻，以发现故障部位或者故障元件。如果电路是通路或者是等电位点，电阻值应该是 0Ω，反之，电阻值是无穷大。电阻法一般用于检查电路中连线是否正确，电气元件各端子是否虚连。

（3）电压法　在设备通电状态下，用万用表直流电压挡或者交流电压挡，根据电路原理图检查各相应点的对地直流电压值或者交流电压值。

测量电压时，注意选择电压表量程时要大于预估的电压值。在检查交流电压时要注意安全，不要触碰金属导体，避免触电。

◆ 任务实施过程卡

<table>
<tr><td colspan="5" align="center">颗粒上料单元的故障排除过程卡</td></tr>
<tr><td>模块名称</td><td>颗粒上料单元的故障排除</td><td>实施人</td><td colspan="2"></td></tr>
<tr><td>图纸编号</td><td></td><td>实施时间</td><td colspan="2"></td></tr>
<tr><td>工作步骤</td><td>故障现象</td><td>故障分析</td><td>故障排除</td><td>计划用时</td></tr>
<tr><td rowspan="3">单机复位控制</td><td></td><td></td><td></td><td></td></tr>
<tr><td></td><td></td><td></td><td></td></tr>
<tr><td></td><td></td><td></td><td></td></tr>
<tr><td rowspan="3">单元自动运行</td><td></td><td></td><td></td><td></td></tr>
<tr><td></td><td></td><td></td><td></td></tr>
<tr><td></td><td></td><td></td><td></td></tr>
<tr><td rowspan="3">单机停止控制</td><td></td><td></td><td></td><td></td></tr>
<tr><td></td><td></td><td></td><td></td></tr>
<tr><td></td><td></td><td></td><td></td></tr>
<tr><td>编制人</td><td></td><td>审核人</td><td>第</td><td>页</td></tr>
</table>

◆ 考核与评价

<table>
<tr><td colspan="3" align="center">评分表
_____学年</td><td align="center">工作形式
□个人 □小组分工 □小组</td><td colspan="2">工作时间
_____ min</td></tr>
<tr><td colspan="2">任务</td><td>训练内容</td><td>训练要求</td><td>学生
自评</td><td>教师
评分</td></tr>
<tr><td rowspan="4">颗粒上料单元的故障排除</td><td rowspan="3">故障记录</td><td>每个故障现象描述记录准确(配分5分)</td><td>每缺少1个或错误一个扣1分,配分扣完为止</td><td></td><td></td></tr>
<tr><td>故障原因分析正确(配分5分)</td><td>错误或未查找出故障原因等,每次扣1分,配分扣完为止</td><td></td><td></td></tr>
<tr><td>故障排除合理(配分5分)</td><td>排除故障步骤不合理或者错误等,每次扣1分,配分扣完为止</td><td></td><td></td></tr>
<tr><td>功能测试</td><td>单机复位控制(配分15分)</td><td>上电,系统处于复位状态下,起动和停止指示灯灭,该单元复位。复位过程中,复位指示灯闪亮,所有机构回到初始位置,复位完成后,复位指示灯常亮。(运行状态下按复位按钮无效)。若指示灯状态不正确,每处扣3分,配分扣完为止</td><td></td><td></td></tr>
</table>

(续)

任务	评分表 _____学年		工作形式 □个人 □小组分工 □小组	工作时间 _____ min	
	训练内容		训练要求	学生自评	教师评分
颗粒上料单元的故障排除	功能测试	单元自动运行（配分50分）	（1）在复位就绪状态下，按下起动按钮，单元起动，起动指示灯亮，停止和复位指示灯灭（或停止或复位未完成状态下，按起动按钮无效）。若指示灯状态不正确，每处扣1分，配分扣完为止（满分为5分）		
			（2）推料气缸A、B相继将物料推出。若不正确，扣5分		
			（3）循环输送带起动高速运行，变频器以45Hz频率输出。若频率不正确，扣5分		
			（4）当循环输送带机构上的颜色确认检测传感器检测到有白色物料通过时，变频器反转，并以20Hz频率输出，如果超过10s，仍没有检测到白色物料通过，则重新开始第（2）步。若未按照功能执行，扣7分		
			（5）当白色物料到达取料位后，颗粒到位检测传感器动作，循环输送带停止。若输送带未停止，扣5分		
			（6）在第（2）步开始的同时，上料输送带与主输送带同时起动，当物料瓶上料检测传感器检测到空瓶时，上料输送带停止。若未正确停止，扣5分		
			（7）空瓶到达填装位时，主输送带停止，填装定位气缸伸出，将空瓶固定，填装机构下降，吸盘打开，吸住物料。填装机构上升，转向装料位，将物料顺利放入瓶子，无任何碰撞现象，放完上升，转向取料位置。若动作顺序不正确，扣8分		
			（8）当瓶子装满3颗物料后，进入第（8）步。否则重新开始第（3）步。若未完成功能，扣5分		
			（9）填装定位气缸缩回，主输送带起动，将瓶子输送到下一工位，上料输送带起动运行，继续将空瓶输送到主输送带，循环进入第（5）步。若功能不正常，扣5分		
		单机停止控制（配分10分）	在任何起动运行状态下，按下停止按钮，该单元立即停止，所有机构不工作，停止指示灯亮，起动和复位指示灯灭。若停止不正确，每处扣2分，配分扣完为止		

（续）

任务	训练内容	训练要求	评分表 ____学年		工作形式 □个人 □小组分工 □小组	工作时间 ____min	
						学生自评	教师评分
颗粒上料单元的故障排除	安全文明生产	劳动保护用品穿戴整齐；遵守操作规程；讲文明礼貌；操作结束要清理现场（配分10分）	（1）操作中，违反安全文明生产考核要求中的任何一项扣5分，扣完为止 （2）当发现学生有重大事故隐患时，要立即予以制止，扣5分 （3）穿戴不整洁，扣2分；设备不还原，扣5分；现场不清理，扣5分				
合计							

◆ **总结与提高**

任务完成后，学生根据任务实施情况，分析存在的问题和原因，填写分析表，指导教师对任务实施情况进行讲评。

任务实施过程	存在的问题	解决办法
工具使用		
识读图纸		
安装质量		
安全文明生产		

◆ **任务拓展**

颗粒上料单元常见故障见表1-3，教师可根据表中要求设置故障，要求学生编写排故流程图，指导学生独立排除故障。

表 1-3　颗粒上料单元故障

序号	故障现象	故障分析	故障排除
1	设备不能正常上电		
2	指示灯不亮		
3	PLC 报警		
4	PLC 提示"参数错误"		
5	PLC 输出点没有动作		
6	输送带不动		
7	输送带反向运动		
8	气缸不动作		
9	变频器无动作		
10	变频器报警		
11	三相电动机不能正常运行		

项目 2　加盖拧盖单元的安装与调试

【项目情境】

加盖拧盖单元（见图2-1）控制挂板的安装与接线已经完成，现需要利用客户采购回来的器件及材料，完成加盖拧盖单元模型机构组装，并在该站型材桌面上安装机构模块、接气管，保证模型机构能够正确运行，系统符合专业技术规范。按任务要求在规定时间内完成本自动线的装调，以便自动线后期能够实现生产过程自动化。

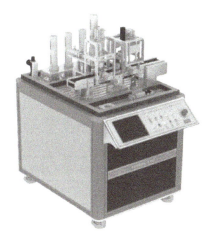

加盖拧盖单元运行视频

图 2-1　加盖拧盖单元整机图

【项目目标】

知识目标	1. 了解加盖拧盖单元的安装、运行过程
	2. 熟悉本单元直流电动机的选用和工作原理
	3. 掌握本单元控制电路的工作原理及常见故障分析及检修
	4. 了解现场管理知识，安全规范及产品检验规范
技能目标	1. 会使用电工仪器工具，对本站进行电路通断、电路阻抗的检测和测量
	2. 能对本单元电气元件（如传感器、气动阀）、显示元件进行单点故障分析排查
	3. 能够对加盖拧盖单元自动化控制要求进行分析，提出自动线PLC编程解决方案，会开展自动线系统的设计、调试工作

（续）

素质目标	1. 通过对机电一体化设备设计和故障排查,培养解决困难的耐心和决心,遵守工程项目实施的客观规律,培养严谨科学的学习态度
	2. 通过小组实施分工,具备良好的团队协作和组织协调能力,培养工作实践中的团队精神通过按照自动化国标和行业规范,开展任务实施,培养学生质量意识、绿色环保意识、安全用电意识
	3. 通过实训室 6S 管理,培养学生的职业素养

任务 2.1　加盖拧盖单元的机械组装与调整

◆ 工作任务卡

任务编号	2.1	任务名称	加盖拧盖单元的机械组装与调整
任务目标	根据图纸资料完成加盖拧盖单元的主输送带模块、加盖模块、拧盖模块、备用瓶盖料仓模块的部件安装和气路连接,并根据各机构间的相对位置将其安装在本单元的工作台上		
设备型号	THJDMT-5B	实施地点	机电实训中心
设备系统	汇川/三菱	实训学时	4 学时
参考文件	机电一体化智能实训平台使用手册		
工具、设备、耗材			

类别	名称	规格型号	数量	单位
工具	内六角扳手	组套,BS-C7	1	套
	螺钉旋具	一字槽螺钉旋具、十字槽螺钉旋具	各1	把
	安全锤	得力 5003	1	把
	刻度尺	得力钢尺 8662	1	把
	万用表	MY60	2	台
设备	线号管打印机	硕方线号机 TP70	2	台
	空气压缩机	JYK35-800W	1	台
	直流电机	24V,4.8W,620r/min	2	台
耗材	气管	PU 软管,蓝色,6mm	5	m
	热缩管	1.5mm	1	m
	导线	0.75mm,黑	10	m
	接线端子	E-1008,黑	200	个
	15 针端子板	DB15	3	个
	普通平键 A 型	4×4×20	50	个

1. 工作任务

根据单元总装图,完成展台面模块的组装与机构安装。

(续)

图 示	说 明
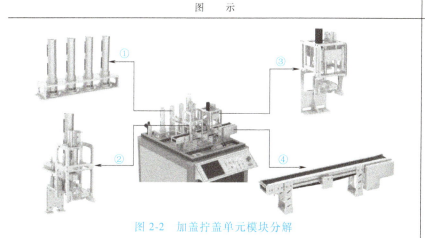 图 2-2 加盖拧盖单元模块分解	加盖拧盖单元各模块如图 2-2 所示 ①备用瓶盖料仓模块 ②加盖模块 ③拧盖模块 ④主输送带模块
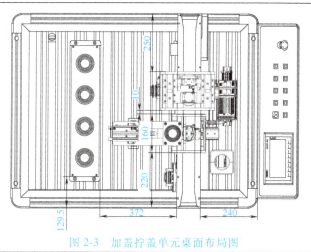 图 2-3 加盖拧盖单元桌面布局图	将组装好的主输送带模块、加盖机构模块、拧盖机构模块按照合适的位置安装到型材桌面上，组成加盖拧盖单元的机械结构，桌面布局及尺寸如图 2-3 所示

2. 工作准备

(1) 技术资料：工作任务卡 1 份，设备说明书

(2) 工作场地：有良好的照明、通风和消防设施等条件

(3) 工具、设备领取单

(4) 建议分组实施教学，每 2~3 人为一组，每组配备实训设备一台

(5) 实训防护：穿戴劳保用品、工作服和防静电鞋

◆ 知识链接

常用气动控制元件

气动控制元件包括：①用于控制和调节压缩空气压力的压力控制阀，例如气源处理器中的减压阀，就是一种使出口侧压力可调（低于进口侧压力），并能保持出口侧压力稳定的压力控制阀。②用于控制和调节压缩空气流量的流量控制阀。③改变和控制气流流动方向的方向控制阀。

1. 流量控制阀

流量控制阀是通过对气缸流量（进/排气量）进行调节来控制气缸速度的元件。一般有保持气动回路流量一定的元件（节流阀），设置在换向阀与气缸之间的元件（速度控制阀），安装在换向阀的排气口来控制气缸速度的元件（排气节流阀），快速排出气缸内的压缩空气，从而提高气缸速度的元件（快速排气阀）等。

2. 方向控制阀

能改变气体流动方向或通断的控制阀称为方向控制阀。如向气缸一端进气，并从另一端排气，再反过来，从另一端进气，一端排气，这种流动方向的改变，便要使用方向控制阀。控制方式有电磁控制、气压控制、人力控制、机械控制等多种类型。

◆ **任务实施过程卡**

加盖拧盖单元的机械组装与调试过程卡				
模块名称	加盖拧盖单元的机械组装与调试	实施人		
图纸编号		实施时间		
工作步骤	所需零件名称	数量	所需工具	计划用时
加盖模块（加盖模块装配过程）				
拧盖模块（拧盖模块装配过程）				
料仓模块（料仓模块装配过程）				

项目2 加盖拧盖单元的安装与调试

（续）

工作步骤	所需零件名称	数量	所需工具	计划用时
主输送线模块				
编制人		审核人		第　页

（主输送线模块装配过程 二维码）

◆ 考核与评价

任务	评分表 _____学年		工作形式 □个人 □小组分工 □小组	工作时间 _____min	
	训练内容		配分	学生自评	教师评分
加盖拧盖单元机械组装与调试	主输送带模块零件齐全,零件安装部位正确。若缺少零件,零件安装部位不正确,每处扣1分		10		
	加盖模块零件齐全,零件安装部位正确。若缺少零件,零件安装部位不正确,每处扣1分		10		
	拧盖模块零件齐全,零件安装部位正确。若缺少零件,零件安装部位不正确,每处扣1分		10		
	加盖模块、拧盖模块升降卡顿,每处扣5分		10		
	各模块机构固定螺钉紧固,无松动。若固定螺钉松动,每处扣1分,扣完为止		10		
	输送线型材主体与脚架立板垂直。若不呈直角,每处1分,配分扣完为止		10		
	各模块机构齐全,模块在桌面前后方向定位尺寸与布局图给定标准尺寸误差不超过±3mm。若超过不得分,每错漏1处扣2分,共6处,扣完为止		12		
	使用扎带绑扎气管,扎带间距小于60mm,均匀间隔,剪切后扎带长度≤1mm,每处不符合要求扣1分		10		
	气源二联件压力表调节到0.4~0.5MPa		6		
	气路测试,人工用小一字螺钉旋具单击电磁阀测试按钮,检查气动连接回路是否正常,有无漏气现象。若回路不正常或有漏气现象,每处扣2分,共6个气缸,扣完为止		12		
	合计		100		

◆ 总结与提高

任务完成后,学生根据任务实施情况,分析存在的问题和原因,填写分析表,指导教师对任务实施情况进行讲评。

任务实施过程	存在的问题	解决办法
工具使用		
识读图纸		
安装质量		
安全文明生产		

任务2.2　加盖拧盖单元的电路气路连接与调试

◆ 工作任务卡

任务编号	2.2	任务名称	加盖拧盖单元的电路气路连接与调试
任务目标	完成该单元中各接线端子电路的连接、传感器元件电路连接与调试		
设备型号	THJDMT-5B	实施地点	机电实训中心
设备系统	汇川/三菱	实训学时	4学时
参考文件		机电一体化智能实训平台使用手册	

工具、设备、耗材

类别	名称	规格型号	数量	单位
工具	螺钉旋具	一字槽螺钉旋具、十字槽螺钉旋具	各1	把
	斜口钳	S044008	1	把
	刻度尺	得力钢尺8462	1	把
	压线钳	0.25~10mm²	1	把
	万用表	MY60	2	台
设备	线号管打印机	硕方线号机TP70	2	台
	空气压缩机	JYK35-800W	1	台
耗材	气管	PU软管,蓝色,6mm	5	m
	热缩管	1.5mm	1	m
	导线	0.75mm,黑	10	m
	接线端子	E-1008,黑	200	个
	光纤头	E32	10	条
	高精度光纤传感器	NPN型	10	个
	冷压接线端子	SV1.25-4	50	个
	扎带	3mm×120mm,黑	50	条
	电磁阀	4V210-08	5	个
	37针端子板	DB37	2	个
	磁性开关	NPN型	5	条

1. 工作任务

根据单元电气原理图和布局图,完成加盖拧盖单元电路与气路的安装

（续）

图 示	说 明
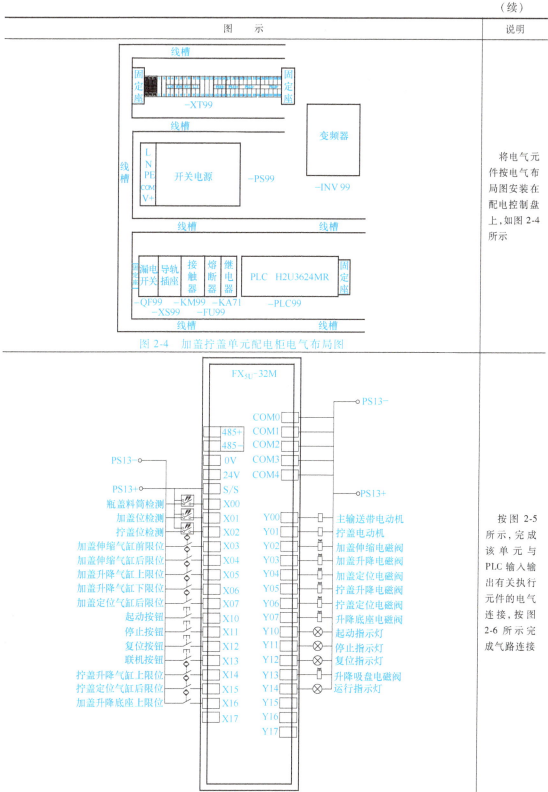 图 2-4 加盖拧盖单元配电柜电气布局图	将电气元件按电气布局图安装在配电控制盘上，如图 2-4 所示
图 2-5 加盖拧盖单元电气原理图（三菱系统）	按图 2-5 所示，完成该单元与 PLC 输入输出有关执行元件的电气连接，按图 2-6 所示完成气路连接

图示	说明
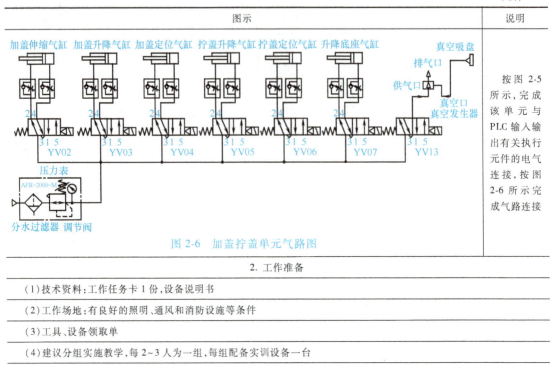 图 2-6 加盖拧盖单元气路图	（续） 按图 2-5 所示，完成该单元与 PLC 输入输出有关执行元件的电气连接，按图 2-6 所示完成气路连接

2. 工作准备

(1) 技术资料：工作任务卡 1 份，设备说明书
(2) 工作场地：有良好的照明、通风和消防设施等条件
(3) 工具、设备领取单
(4) 建议分组实施教学，每 2~3 人为一组，每组配备实训设备一台
(5) 实训防护：穿戴劳保用品、工作服和防静电鞋

◆ 知识链接

常用气动执行元件

气缸是气动系统中的执行元件，它的功能是将气体的压力能转换为机械能，输入量是气体的压力，输出量是执行元件的运动速度和力。

1. 直线气缸

气缸是气动系统中的执行元件，它的功能是将气体的压力能转换为机械能，输入量是气体的压力，输出的是执行元件的运动速度和力。SX-815Q 机电一体化综合实训考核装置中推料和加盖升降气缸使用的是单杆气缸，其余气缸是双杆气缸。气缸都是亚德客公司生产的，单杆气缸是 PB 系列笔形气缸（复动型），而双杆气缸是 TR 系列。气缸 TR10×60S 中 10 代表内径是 10mm，60 代表标准行程是 60mm，S 代表气缸活塞杆上附带磁铁。TR 系列气缸不回转精度高，活塞杆端挠度小，适用于精确导向。气缸 PB10×80SU 中 10 也是代表内径为 10mm，80 代表标准行程是 80mm，S 代表气缸活塞杆上附带磁铁，U 代表径向进气型。PB 系列气缸属于迷你型气缸，结构紧凑，体积小，重量小，可适用于较高频率的工作环境。

2. 旋转气缸

旋转气缸又叫摆动气缸，是利用压缩空气驱动输出轴在小于 360°的角度范围内做往复摆动的气动执行元件，多用于物体的转位、工件的翻转、阀门的开闭等场合。

（1）回转方向　以旋转台定位销孔为基准，最大转角范围如图2-7所示，最大转角为190°。如果A口进气，那么工作台顺时针旋转；反之，如果B口进气，那么工作台逆时针旋转。

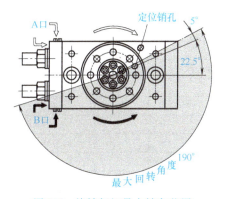

图2-7　旋转气缸最大转角范围

（2）角度调整示例（以90°转角为例）　角度需要通过调整螺钉进行调节，该型号的调整螺钉每转一圈，调整10.2°。如果调节调整螺钉B，气缸就会从右极限顺时针旋转90°，如图2-8a所示。如果调节调整螺钉A，气缸就会从左极限逆时针旋转90°，如图2-8b所示。

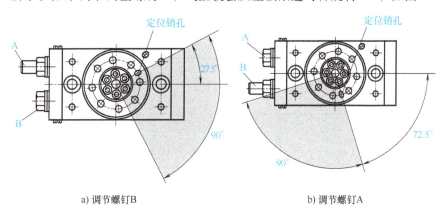

a）调节螺钉B　　　　　　　　　　b）调节螺钉A

图2-8　分别调节调整螺钉B和A

同时调节调整螺钉A和B如图2-9所示，气缸就会旋转90°，此时可以在左右极限之间进行调节。

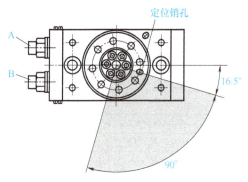

图2-9　同时调节调整螺钉A和B

◆ 任务实施过程卡

<table>
<tr><td colspan="5" align="center">加盖拧盖单元的电路气路连接与调试过程卡</td></tr>
<tr><td>模块名称</td><td colspan="2">加盖拧盖单元的电路气路连接与调试</td><td>实施人</td><td></td></tr>
<tr><td>图纸编号</td><td colspan="2"></td><td>实施时间</td><td></td></tr>
<tr><td>工作步骤</td><td>所需零件名称</td><td>数量</td><td>所需工具</td><td>计划用时</td></tr>
<tr><td rowspan="4">安装电气元件</td><td></td><td></td><td></td><td></td></tr>
<tr><td></td><td></td><td></td><td></td></tr>
<tr><td></td><td></td><td></td><td></td></tr>
<tr><td></td><td></td><td></td><td></td></tr>
<tr><td rowspan="4">电气元件接线</td><td></td><td></td><td></td><td></td></tr>
<tr><td></td><td></td><td></td><td></td></tr>
<tr><td></td><td></td><td></td><td></td></tr>
<tr><td></td><td></td><td></td><td></td></tr>
<tr><td rowspan="4">安装气路</td><td></td><td></td><td></td><td></td></tr>
<tr><td></td><td></td><td></td><td></td></tr>
<tr><td></td><td></td><td></td><td></td></tr>
<tr><td></td><td></td><td></td><td></td></tr>
<tr><td>编制人</td><td colspan="2"></td><td>审核人</td><td>第　　页</td></tr>
</table>

◆ 考核与评价

<table>
<tr><td colspan="2" align="center">评分表
_____学年</td><td align="center">工作形式
□个人 □小组分工 □小组</td><td align="center">配分</td><td colspan="2" align="center">工作时间
_____ min</td></tr>
<tr><td>任务</td><td colspan="2">训练内容</td><td>配分</td><td>学生自评</td><td>教师评分</td></tr>
<tr><td rowspan="10">加盖拧盖单元的电路气路连接与调试</td><td colspan="2">根据任务书所列完成每个端子板的接线,缺少一个端子接线扣1分,配分扣完为止</td><td>10</td><td></td><td></td></tr>
<tr><td colspan="2">导线进入行线槽,每个进线口不得超过2根导线,不符合要求每处扣1分,配分扣完为止</td><td>10</td><td></td><td></td></tr>
<tr><td colspan="2">每根导线对应一位接线端子,并将接线端子压牢,不合格每处扣1分,配分扣完为止</td><td>10</td><td></td><td></td></tr>
<tr><td colspan="2">端子进线部分,每根导线必须套用号码管,不合格每处扣1分,配分扣完为止</td><td>10</td><td></td><td></td></tr>
<tr><td colspan="2">每个号码管必须进行正确编号,不正确每处扣1分,配分扣完为止</td><td>10</td><td></td><td></td></tr>
<tr><td colspan="2">扎带捆扎间距为50~80mm,且同一线路上捆扎间隔相同,不合格每处扣2分,配分扣完为止</td><td>10</td><td></td><td></td></tr>
<tr><td colspan="2">绑扎带切割不能留余太长,必须小于1mm且不割手,不符合要求每处扣2分,配分扣完为止</td><td>10</td><td></td><td></td></tr>
<tr><td colspan="2">接线端子金属裸露不超过2mm,不合格每处扣1分,配分扣完为止</td><td>10</td><td></td><td></td></tr>
<tr><td colspan="2">非同一个活动机构的气路、电路捆扎在一起,每处扣1分,配分扣完为止</td><td>10</td><td></td><td></td></tr>
<tr><td colspan="2">本单元各传感器测试正常,无法检测每个扣1分,配分扣完为止</td><td>10</td><td></td><td></td></tr>
<tr><td colspan="3" align="center">合计</td><td>100</td><td></td><td></td></tr>
</table>

◆ 总结与提高

任务完成后，学生根据任务实施情况，分析存在的问题和原因，填写分析表，指导教师对任务实施情况进行讲评。

任务实施过程	存在的问题	解决办法
工具使用		
识读图纸		
安装质量		
安全文明生产		

任务 2.3　加盖拧盖单元的程序编写与调试

◆ 工作任务卡

任务编号	2.3	任务名称	加盖拧盖单元的程序编写与调试
任务目标	完成加盖拧盖单元控制程序、触摸屏工程设计并进行单机调试，保证能够进行正确运行，以便自动线后期能够实现生产过程自动化			
设备型号	THJDMT-5B	实施地点	机电实训中心
设备系统	汇川/三菱	实训学时	12学时
参考文件	机电一体化智能实训平台使用手册		

工具、设备、耗材				
类别	名称	规格型号	数量	单位
工具	内六角扳手	组套,BS-C7	1	套
	螺钉旋具	一字槽螺钉旋具、十字槽螺钉旋具	各1	把
	斜口钳	S044008	1	把
	刻度尺	得力钢尺8462	1	把
	万用表	MY60	2	台
设备	线号管打印机	硕方线号机TP70	2	台
	空气压缩机	JYK35-800W	1	台
耗材	气管	PU软管,蓝色,6mm	5	m
	热缩管	1.5mm	1	m
	导线	0.75mm,黑	10	m
	接线端子	E-1008,黑	200	个

1. 工作任务

完成加盖拧盖单元控制程序、触摸屏工程设计并进行单机调试，保证能够进行正确运行

(续)

序号	名称	功能描述	
1	X0	瓶盖料仓感应到瓶盖,X0 闭合	
2	X1	加盖位传感器感应到物料,X1 闭合	
3	X2	拧盖位传感器感应到物料,X2 闭合	
4	X3	加盖伸缩气缸伸出前限位感应,X3 闭合	
5	X4	加盖伸缩气缸缩回后限位感应,X4 闭合	
6	X5	加盖升降气缸上限位感应,X5 闭合	
7	X6	加盖升降气缸下限位感应,X6 闭合	
8	X7	加盖定位气缸后限位感应,X7 闭合	
9	X10	按下起动按钮,X10 闭合	
10	X11	按下停止按钮,X11 闭合	
11	X12	按下复位按钮,X12 闭合	
12	X13	按下联机按钮,X13 闭合	
13	X14	拧盖升降气缸上限位感应,X14 闭合	
14	X15	拧盖定位气缸后限位感应,X15 闭合	加盖拧盖单元 I/O 分配
15	X16	加盖升降底座上限位感应,X16 闭合	
16	Y0	Y0 闭合,主输送带正向运行	
17	Y1	Y1 闭合,拧盖电动机运行	
18	Y2	Y2 闭合,加盖伸缩气缸伸出	
19	Y3	Y3 闭合,加盖升降气缸下降	
20	Y4	Y4 闭合,加盖定位气缸伸出	
21	Y5	Y5 闭合,拧盖升降气缸下降	
22	Y6	Y6 闭合,拧盖定位气缸伸出	
23	Y7	Y7 闭合,升降底座气缸下降	
24	Y10	Y10 闭合,起动指示灯亮	
25	Y11	Y11 闭合,停止指示灯亮	
26	Y12	Y12 闭合,复位指示灯亮	
27	Y13	Y13 闭合,升降吸盘吸气	
28	Y14	Y14 闭合,运行指示灯亮	

项目2 加盖拧盖单元的安装与调试

(续)

图示	说明
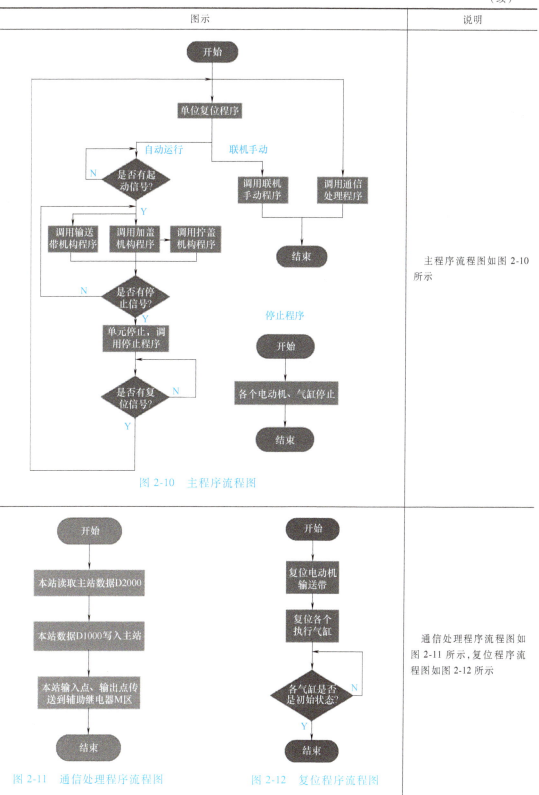 图 2-10 主程序流程图	主程序流程图如图 2-10 所示
图 2-11 通信处理程序流程图　　图 2-12 复位程序流程图	通信处理程序流程图如图 2-11 所示,复位程序流程图如图 2-12 所示

(续)

图示	说明
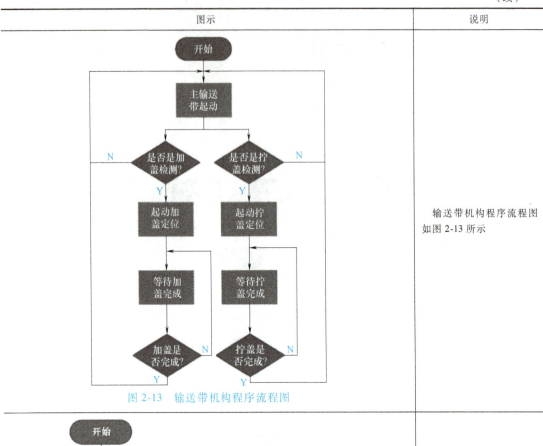 图 2-13 输送带机构程序流程图	输送带机构程序流程图如图 2-13 所示
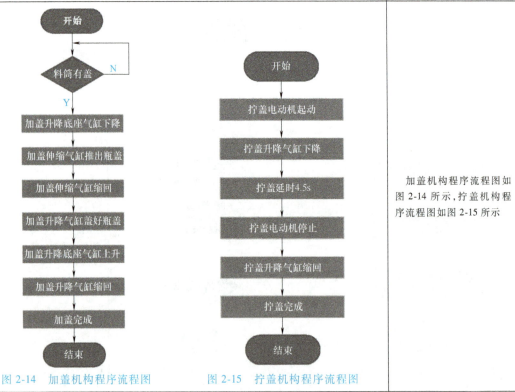 图 2-14 加盖机构程序流程图　　图 2-15 拧盖机构程序流程图	加盖机构程序流程图如图 2-14 所示，拧盖机构程序流程图如图 2-15 所示

图示	说明
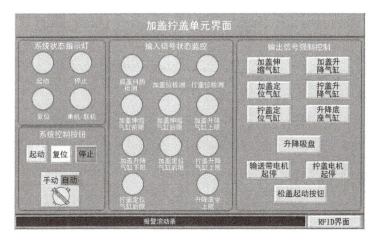 图 2-16 加盖拧盖单元组态画面	加盖拧盖单元组态画面如图 2-16 所示

2. 工作准备

(1) 技术资料：工作任务卡 1 份；设备说明书

(2) 工作场地：有良好的照明、通风和消防设施等条件

(3) 工具、设备领取单

(4) 建议分组实施教学，每 2~3 人为一组，每组配备实训设备一台

(5) 实训防护：穿戴劳保用品、工作服和防静电鞋

◆ 知识链接

直流电动机介绍

直流电动机是将直流电能转换为机械能的电动机，因其良好的调速性能而在电力拖动中得到广泛应用。直流电动机按励磁方式分为永磁、他励和自励 3 类。本设备用到的直流电动机为 24V 小功率永磁直流电动机，主要用于输送带的驱动，通过 PLC 及直流电动机控制板进行正反转控制。

PLC 将信号接到直流电动机控制板上，从而来控制电动机的正反转。直流电动机控制板的电路原理图如图 2-17 所示。根据电路原理图，默认状态下继电器 K_1、K_2 都是处于失电状态，当按下测试按钮，继电器 K_2 得电，直流电动机电源两端 M+、M− 分别为 24V、0V，直流电动机正转；当 XT1 的 1 号端子正转信号有效时，K_2 得电，电动机正转；当 XT1 的 2 号端子反转信号有效时，K_1 得电，电动机反转。

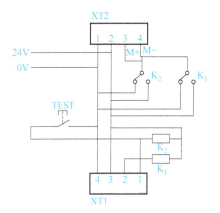

图 2-17 直流电动机控制板电路原理图

◆ 任务实施过程卡

<table>
<tr><td colspan="5">加盖拧盖单元的程序编写与调试过程卡</td></tr>
<tr><td>模块名称</td><td colspan="2">加盖拧盖单元的程序编写与调试</td><td>实施人</td><td></td></tr>
<tr><td>图纸编号</td><td colspan="2"></td><td>实施时间</td><td></td></tr>
<tr><td rowspan="26">单机连续运行</td><td colspan="2">功能检查</td><td>调试结果</td><td>用时</td></tr>
<tr><td colspan="2">(1)上电,系统处于停止状态。停止指示灯亮,起动和复位指示灯灭</td><td></td><td></td></tr>
<tr><td colspan="2">(2)在停止状态下,按下复位按钮,该单元复位。复位过程中,复位指示灯闪烁(2Hz),所有机构回到初始位置。复位完成后,复位指示灯常亮,起动和停止指示灯灭。运行或复位状态下,按起动按钮无效</td><td></td><td></td></tr>
<tr><td colspan="2">(3)在复位就绪状态下,按下起动按钮,单元起动,起动指示灯亮,停止和复位指示灯灭</td><td></td><td></td></tr>
<tr><td colspan="2">(4)手动将无盖物料瓶放置到该单元起始端</td><td></td><td></td></tr>
<tr><td colspan="2">(5)主输送带起动运行</td><td></td><td></td></tr>
<tr><td colspan="2">(6)当加盖位检测传感器检测到有物料瓶,并等待物料瓶运行到加盖工位下方时,输送带停止</td><td></td><td></td></tr>
<tr><td colspan="2">(7)加盖定位气缸推出,将物料瓶准确固定</td><td></td><td></td></tr>
<tr><td colspan="2">(8)如果加盖机构内无瓶盖,即瓶盖料筒检测传感器无动作,加盖机构不动作
①手动将瓶盖放入后,瓶盖料筒检测传感器感应到瓶盖
②瓶盖料筒检测传感器动作,加盖机构开始运行,继续第(9)步动作</td><td></td><td></td></tr>
<tr><td colspan="2">(9)如果加盖机构有瓶盖,瓶盖料筒检测传感器动作,升降底座下降;加盖伸缩气缸推出,将瓶盖推到落料口,加盖伸缩气缸缩回</td><td></td><td></td></tr>
<tr><td colspan="2">(10)加盖升降气缸伸出,将瓶盖压下</td><td></td><td></td></tr>
<tr><td colspan="2">(11)瓶盖准确落在物料瓶上,无偏斜</td><td></td><td></td></tr>
<tr><td colspan="2">(12)升降底座上升</td><td></td><td></td></tr>
<tr><td colspan="2">(13)加盖升降气缸缩回</td><td></td><td></td></tr>
<tr><td colspan="2">(14)加盖定位气缸缩回</td><td></td><td></td></tr>
<tr><td colspan="2">(15)主输送带起动</td><td></td><td></td></tr>
<tr><td colspan="2">(16)当拧盖位检测传感器检测到有物料瓶,并等待物料瓶运行到拧盖工位下方时,输送带停止</td><td></td><td></td></tr>
<tr><td colspan="2">(17)拧盖定位气缸推出,将物料瓶准确固定</td><td></td><td></td></tr>
<tr><td colspan="2">(18)拧盖升降气缸下降,拧盖电动机开始旋转</td><td></td><td></td></tr>
<tr><td colspan="2">(19)瓶盖完全被拧紧,拧盖电动机停止运行</td><td></td><td></td></tr>
<tr><td colspan="2">(20)拧盖升降气缸缩回</td><td></td><td></td></tr>
<tr><td colspan="2">(21)拧盖定位气缸缩回</td><td></td><td></td></tr>
<tr><td colspan="2">(22)主输送带起动</td><td></td><td></td></tr>
<tr><td colspan="2">(23)当物料瓶输送到主输送带末端后,人工拿走物料瓶。重复第(6)到(23)步,直到4个物料瓶与4个瓶盖用完为止</td><td></td><td></td></tr>
<tr><td colspan="2">(24)系统在运行状态按"停止"按钮,单元立即停止,所有机构不工作</td><td></td><td></td></tr>
<tr><td colspan="2">(25)"停止"指示灯亮;"运行"指示灯灭</td><td></td><td></td></tr>
</table>

◆ 考核与评价

评分表 _____学年		工作形式 □个人 □小组分工 □小组	工作时间 _____min	
任务	训练内容		配分	学生自评	教师评分
准备工作:清除工作台上所有的工件及杂物,打开电源和气源(任何人工操作选手必须在评分专家的要求下进行),准备无盖瓶4个,白色瓶盖4个					
单元复位控制	(1)上电,设备自动处于复位状态		2		
	(2)系统处于停止状态下,按下复位按钮系统自动复位。其他运行状态下按此按钮无效		2		
	(3)操作面板和触摸屏上的复位指示灯闪亮显示、停止指示灯灭、起动指示灯灭		2		
	(4)所有器件回到初始位置		2		
	(5)复位指示灯(黄色灯)常亮,系统进入就绪状态		2		
单元自动控制	(1)系统在就绪状态按起动按钮,单元进入运行状态,而停止状态下按此按钮无效		2		
	(2)操作面板和触摸屏上的起动指示灯亮、复位指示灯灭		2		
	(3)主输送带起动运行,手动将无盖物料瓶放置到该单元起始端		2		
	(4)当加盖位检测传感器检测到有物料瓶,并等待物料瓶运行到加盖工位下方时,输送带停止		2		
	(5)加盖定位气缸推出,将瓶子准确固定		2		
	(6)如果加盖机构内无瓶盖,加盖机构不动作				
	①手动将瓶盖放入后,瓶盖料筒检测传感器感应到瓶盖		2		
	②瓶盖料筒检测器动作		2		
	③加盖机构开始运行,进行第(8)步动作		2		
	④如果加盖机构有瓶盖,加盖伸缩气缸推出,将瓶盖推到落料口,出现卡料不得分		2		
	(7)如果加盖机构有瓶盖				
	①瓶盖料筒检测传感器动作		2		
	②升降底座下降		2		
	③加盖伸缩气缸推出		2		
	④将瓶盖推到落料口,加盖伸缩气缸缩回		2		
	(8)加盖升降气缸伸出,将瓶盖压下		2		
	(9)瓶盖准确落在物料瓶上,无偏斜,出现偏斜不得分		2		
	(10)升降底座上升		2		
	(11)加盖升降气缸缩回		2		
	(12)加盖定位气缸缩回		2		
	(13)主输送带起动		2		
	(14)当拧盖位检测传感器检测到有物料瓶,并等待物料瓶运行到拧盖工位下方时,输送带停止		2		

(续)

评分表 _____学年		工作形式 □个人 □小组分工 □小组		工作时间 _____min	
任务	训练内容		配分	学生 自评	教师 评分
单元自动控制	(15)拧盖定位气缸推出,将物料瓶准确固定		2		
	(16)拧盖升降气缸下降,拧盖电动机开始旋转		2		
	(17)瓶盖完全被拧紧,拧盖电动机停止运行		2		
	(18)拧盖升降气缸缩回		2		
	(19)拧盖定位气缸缩回		2		
	(20)主输送带起动		2		
	(21)当物料瓶输送到主输送带末端后,人工拿走物料瓶。重复第(4)到(21)步,直到4个物料瓶与4个瓶盖用完为止,每次循环内,任何一步动作失误,该步都不得分		2		
拧盖运行控制	(1)人工将一个拧好盖的物料瓶放到传输带末端				
	(2)长按起动按钮 3s,主输送线开始反转		2		
	(3)当拧盖位检测传感器检测到有物料瓶,并等待物料瓶运行到拧盖工位下方时,输送带停止		2		
	(4)拧盖定位气缸推出,将物料瓶准确固定		2		
	(5)拧盖升降气缸下降		2		
	(6)拧盖电动机开始反向旋转		2		
	(7)待瓶盖被完全拧松后,拧盖电动机停止运行		2		
	(8)拧盖升降气缸缩回,拧盖定位气缸缩回		2		
单元停止控制	(1)系统在运行状态按停止按钮,单元立即停止状态,所有机构不工作		2		
	(2)操作面板和触摸屏上停止指示灯亮,运行和复位指示灯灭		2		
加盖拧盖单元触摸屏	(1)触摸屏界面上有无"加盖拧盖单元界面"字样		2		
	(2)触摸屏画面有无错别字,每错一个字扣 0.5 分,配分扣完为止		5		
	(3)布局画面是否符合任务书要求,不符合扣 1 分		2		
	(4)14 个指示灯(详见任务书)全有且功能正确,一个指示缺失或功能不正确扣 0.5 分,配分扣完为止		7		
	(5)12 个按钮和 1 个开关全有且功能正确,一个按钮缺失或功能不正确扣 0.5 分,配分扣完为止		2		
	合计		100		

◆ **总结与提高**

任务完成后,学生根据任务实施情况,分析存在的问题和原因,填写分析表,指导教师对任务实施情况进行讲评。

任务实施过程	存在的问题	解决办法
工具使用		
识读图纸		
安装质量		
安全文明生产		

任务 2.4　加盖拧盖单元故障诊断与排除

◆ 工作任务卡

任务编号	2.4	任务名称	加盖拧盖单元故障诊断与排除
设备型号	THJDMT-5B	实施地点	机电实训中心
设备系统	汇川	实训学时	4 学时
参考文件		机电一体化智能实训平台使用手册	

工具、设备、耗材

类别	名称	规格型号	数量	单位
工具	内六角扳手	组套，BS-C7	1	套
	螺钉旋具	一字槽螺钉旋具、十字槽螺钉旋具	各1	把
	斜口钳	S044008	1	把
	刻度尺	得力钢尺 8462	1	把
	万用表	MY60	2	台
设备	线号管打印机	硕方线号机 TP70	2	台
	空气压缩机	JYK35-800W	1	台
耗材	气管	PU 软管，蓝色，6mm	5	m
	热缩管	1.5mm	1	m
	导线	0.75mm，黑	10	m
	接线端子	E-1008，黑	200	个

1. 工作任务

根据运行情况，完成加盖拧盖单元的故障诊断及排除。

例如故障现象：物料瓶运行到装料位置后，定位气缸不动。

2. 工作准备

(1) 技术资料：工作任务卡 1 份，设备说明书。

(2) 工作场地：有良好的照明、通风和消防设施等条件。

(3) 工具、设备领取单。

(4) 建议分组实施教学，每 2~3 人为一组，每组配备实训设备一台。

(5) 实训防护：穿戴劳保用品、工作服和防静电鞋。

◆ 知识链接

光纤传感器

光纤传感器是一种光电传感器，能够在人达不到的地方，起到人的耳目作用，而且还能接收到人的感官所感受不到的外界信息。光纤传感器具有体积小、质量轻、抗电磁干扰、防腐蚀、灵敏度很高、测量带宽很宽、检测电子设备与传感器可以间隔很远、使用寿命长等优点，应用越来越广泛。

系统中光纤传感器主要作用是进行物料颜色辨识、物料有无检测、物料瓶定位、颗粒位检测，使用列表见表 2-1。

表 2-1 光纤传感器使用列表

单元名称	用途	型号	实物图
颗粒上料单元	颜色确认检测	FM-E31	
	料筒物料检测	FM-E31	
	物料瓶上料检测	FM-E31	
	颗粒填装位检测	FM-E31	
	颗粒到位检测	FM-E31	
加盖拧盖单元	加盖位检测	FM-E31	
	拧盖位检测	FM-E31	
检测分拣单元	输送带进料检测	FM-E31	
	瓶盖颜色检测	FM-E31	
	三、四颗物料位检测	FM-E31	
	输送带出料检测	FM-E31	
	不合格到位检测	FM-E31	

设备中运用的光纤传感器是由广州市合熠电子科技有限公司生产的智能光纤放大器 FM-31E 型，主要由两部分组成，分别是光纤检测头和光纤放大器。

光纤放大器和光纤检测头是分离的两个部分，光纤检测头的尾端分成两条光纤，使用时分别插入放大器的两个光纤孔。光纤在安装使用时严禁大幅度弯折，严禁向光纤施加拉伸、压缩等蛮力。

FM-31E 型智能光纤放大器是 NPN 晶体管集电极开路输出型，其输出回路如图 2-18 所示。该放大器的输出有 3 根线，分别是棕色、黑色和蓝色线。在使用时，要将直流电源（12~24V）的高电位接到棕色线，低电位接蓝色线，输出负载分别接棕色线和黑色线。

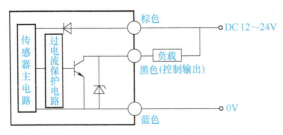

图 2-18 FM-31E 型智能光纤放大器输出回路

在调试时可以通过调整极性和门槛值来合理使用传感器，门槛值的大小可以根据环境的变化、具体的要求来设定。门槛值设定可以采用手动法、一点示教和两点示教的方法。经常使用的是手动法，方法最简单。建议把门槛值设为有工件和无工件时受光量的中间值。

◆ 任务实施过程卡

加盖拧盖单元故障诊断与排除过程卡					
模块名称	加盖拧盖单元 故障诊断与排除		实施人		
图纸编号			实施时间		
工作步骤	故障现象		故障分析	故障排除	计划用时
单机复位控制					
单元自动运行					
单机停止控制					
编制人			审核人		第　页

◆ 考核与评价

评分表 _____学年		工作形式 □个人 □小组分工 □小组	工作时间 _____ min	
任务	训练内容		配分	学生自评	教师评分
加盖拧盖单元故障诊断与排除	每个故障现象描述记录准确	每个故障点与故障现象记录准确，每缺少5个或错误一个扣5分，配分扣完为止	25		
	故障原因分析正确	分析错误或未查找出故障原因等，每次扣5分，配分扣完为止	25		
	故障排除合理	解决思路描述不合理、故障点描述本身错误或未查找出故障等，每次扣5分，配分扣完为止	50		
合计			100		

注：表头"配分""学生自评""教师评分"对应每行相应列。

◆ 总结与提高

任务完成后，学生根据任务实施情况，分析存在的问题和原因，填写分析表，指导教师对任务实施情况进行讲评。

任务实施过程	存在的问题	解决办法
工具使用		
识读图纸		
安装质量		
安全文明生产		

项目 3　检测分拣单元的安装与调试

【项目情境】

检测分拣单元（见图 3-1）控制挂板的安装与接线已经完成，现需要利用采购回来的器件及材料，在规定时间内，按照任务要求完成检测分拣单元的组装和气路连接，开发其控制程序，完成本工作单元的调试，以便自动线后期能够实现生产过程自动化。

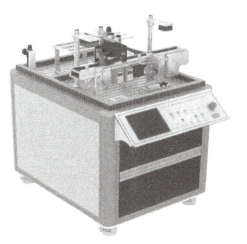

检测分拣单站运行

图 3-1　检测分拣单元整机图

【项目目标】

知识目标	1. 了解检测分拣单元的安装、运行过程
	2. 熟悉 RFID 识别的选用和工作原理
	3. 掌握视觉检测模块工作原理及常见故障分析及检修
技能目标	1. 会使用电工仪器工具，对本站进行线路通断、线路阻抗的检测和测量
	2. 能对本单元电气元件（传感器、气动阀）、显示元件进行单点故障分析和排查
	3. 能够对检测分拣单元自动化控制要求进行分析，提出自动线 PLC 编程解决方案，会开展自动线系统的设计、调试工作
素质目标	1. 通过对机电一体化设备设计和故障排查，培养解决困难的耐心和决心，遵守工程项目实施的客观规律，培养严谨科学的学习态度
	2. 通过小组实施分工，具备良好的团队协作和组织协调能力，培养工作实践中的团队精神，通过按照自动化国标和行业规范，开展任务实施，培养学生质量意识、绿色环保意识、安全用电意识
	3. 通过实训室 6S 管理，培养学生的职业素养

任务 3.1　检测分拣单元的机械组装与调整

◆ **工作任务卡**

任务编号	3.1		任务名称	检测分拣单元的机械组装与调整
任务目标	请根据图纸资料,完成主输送带模块、视觉检测模块、分拣输送带模块、分拣模块、检测模块、RFID检测模块的部件安装和气路连接,并根据各机构间的相对位置将其安装在本单元的工作台上			
设备型号	THJDMT-5B		实施地点	机电实训中心
设备系统	汇川/三菱		实训学时	4学时
参考文件	机电一体化智能实训平台使用手册			

工具、设备、耗材

类别	名称	规格型号	数量	单位
工具	内六角扳手	组套,BS-C7	1	套
	螺钉旋具	一字槽螺钉旋具、十字槽螺钉旋具	各1	把
	安全锤	得力 5003	1	把
	刻度尺	得力钢尺 8462	1	把
	万用表	MY60	2	台
设备	线号管打印机	硕方线号机 TP70	2	台
	空气压缩机	JYK35-800W	1	台
	直流电动机	24V,4.8W,620r/min	2	台
耗材	圆柱头螺钉	M4×25	100	个
	15针端子板	DB15	3	个
	普通平键A型	4×4×20	50	个

1. 工作任务

根据总装图,完成检测分拣单元的组装与机构安装

图　　示	说明
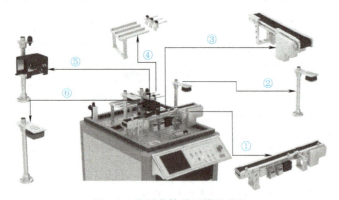	检测分拣单元各模块如图3-2所示 ①主输送带模块 ②视觉检测模块 ③分拣输送带模块 ④分拣模块 ⑤检测模块 ⑥RFID 检测模块

图 3-2　检测分拣单元模块分解

（续）

图 示	说 明
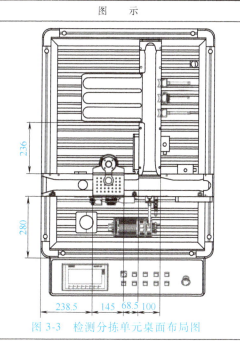 图 3-3 检测分拣单元桌面布局图	将组装好的检测模块、主输送带模块、分拣模块、分拣输送带模块、RFID识别模块、视觉检测模块按照合适的位置安装到型材板上，组成检测分拣单元的机械结构，桌面布局及尺寸如图 3-3 所示

2. 工作准备

(1) 技术资料：工作任务卡 1 份，设备说明书

(2) 工作场地：有良好的照明、通风和消防设施等条件

(3) 工具、设备领取单

(4) 建议分组实施教学，每 2~3 人为一组，每组配备实训设备一台

(5) 实训防护：穿戴劳保用品、工作服和防静电鞋

◆ 知识链接

认识光电传感器的作用、安装和电气接线与调试。系统中光电传感器主要作用是进行瓶盖料筒检测、瓶盖拧紧检测、升降台原点检测、物料台和仓位检测，使用列表见表 3-1。

表 3-1 光电传感器使用列表

单元名称	用途	型号	实物图
加盖拧盖单元	瓶盖料筒检测	UE-11D NPN	
检测分拣单元	瓶盖拧紧检测	E3ZG-R61-S 2M	

(续)

单元名称	用途	型号	实物图
机器人单元	升降台 A 原点检测	EE-SX951-W 1M	
	升降台 B 原点检测	EE-SX951-W 1M	
	物料台检测	UE-11D NPN	
成品入仓单元	仓位检测	EE-SX951-W 1M	
	原点检测	E3ZG-R60-S 2M	

设备中主要使用 3 种光电传感器，分别是佛山辉智公司的 UE-11D 型号、欧姆龙公司的 EE-SX951-W 1M 型和 E3ZG-R60/61-S 型，特点见表 3-2。

表 3-2 光电传感器型号与特点

型号	检测距离	输出类型	检测方式
UE-11D	11cm	NPN	漫射式
EE-SX951-W 1M	5mm（槽宽）	NPN	对射式
E3ZG-R60/61-S	100mm～4m	NPN	漫射式

1. 安装

欧姆龙公司 EE-SX951-W 1M 光电传感器是 L 型，采用对射式检测方式，检测槽宽是 5mm，检测 1.8mm×0.8mm 以上的不透明物体。在使用时要牢固安装到没有弯曲的安装部位上。为了防止螺钉松动，可以组合使用平垫圈和弹簧垫圈，用 M3 或 M2 螺钉固定光电传感器。在可动部位使用传感器时，请固定导线的引出部位，以免压力直接施加到导线的引出部位上。欧姆龙公司的 E3ZG-R60/61-S 光电传感器安装使用 M3 螺钉，固紧扭矩设定在 0.53N·m 以下。

2. 电气接线与调试

欧姆龙公司 EE-SX951-W 1M 光电传感器输出回路如图 3-4 所示，该传感器的输出有 4

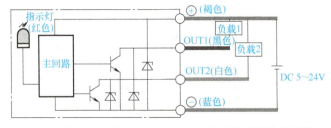

图 3-4 欧姆龙公司 EE-SX951-W 1M 光电传感器输出回路

根线，分别是褐、黑、白和蓝色线。在使用时，要将直流电源（5~24V）的高电位接到褐色线，低电位接蓝色线，输出负载1接褐色线和黑色线之间，输出负载2接褐色线和白色线之间。接收到有对射光时，红色指示灯亮。

欧姆龙公司的E3ZG-R60/61-S光电传感器实物图如图3-5所示，采用漫射式检测方式，实现小型、长距离、节省电力和能源的光电传感器，检测距离是4m，输出类型是NPN型，检测φ75mm以上的不透明物体。输出回路如图3-6所示，它的输出有3根线，分别是褐、黑和蓝色线。在使用时，要将直流电源（12~24V）的高电位接到褐色线，低电位接蓝色线，输出负载接褐色线和黑色线之间。

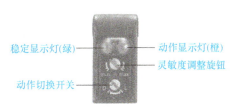

图3-5 E3ZG-R60/61-S实物图

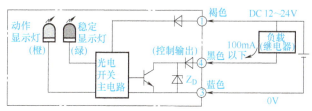

图3-6 E3ZG-R60/61-S输出回路

佛山辉智自动化公司UE-11D光电传感器采用漫射式检测方式，检测距离是11cm。输出回路如图3-7所示，输出有4根线，分别是棕、黑、白和蓝色线。使用时要将直流电源（12~24V）的高电位接到棕色线，低电位接蓝色线，输出负载接棕色和黑色线之间。白色线为输出控制，如果选择入光动作（Light）模式，那么白色线接12~24V；如果选择遮光动作（Dark）模式，那么白色线接0V。

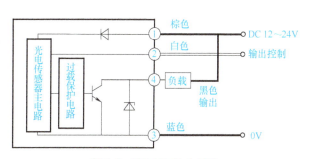

图3-7 UE-11D输出回路

◆ 任务实施过程卡

检测分拣单元的机械组装与调整过程卡				
模块名称	检测分拣单元的机械组装与调整	实施人		
图纸编号		实施时间		
工作步骤	所需零件名称	数量	所需工具	计划用时
分拣模块料槽				

（续）

工作步骤	所需零件名称	数量	所需工具	计划用时
分拣模块推料机构 推料模块装配过程				
检测模块 检测模块装配过程				
视觉和 RFID 模块 视觉和RFID模块装配过程				
主输送带模块 主输送线模块装配过程				
分拣输送带模块 分拣输送模块装配过程				
编制人		审核人		第　页

◆ 考核与评价

评分表 _____学年		工作形式 □个人 □小组分工 □小组	工作时间 _____min	
任务	训练内容		配分	学生自评	教师评分

任务	训练内容	配分	学生自评	教师评分
检测分拣单元的机械组装与调整	主输送带模块、分拣输送带模块螺钉安装不牢固,每个扣1分,配分扣完为止	10		
	分拣气缸安装不牢固,扣8分	8		
	输送带太松或太紧,扣8分	8		
	主动轮和从动轮位置安装错误,扣10分	10		
	直流电动机安装不牢固,扣6分	6		
	输送带安装欠佳,不能正常工作,扣8分	8		
	气缸安装不牢固,每个扣2分,配分扣完为止	6		
	视觉检测模块、RFID检测模块安装,螺钉安装不牢固,每个扣1分,配分扣完为止	8		
	各模块机构齐全,模块在桌面前后方向定位尺寸与布局图给定标准尺寸误差不超过±3mm,超过不得分;每错漏1处扣2分,共6处,配分扣完为止	12		
	使用扎带绑扎气管,扎带间距小于60mm,均匀间隔,剪切后扎带长度≤1mm,每处不符合要求扣1分	8		
	气源二联件压力表调节到0.4~0.5MPa	6		
	气路测试,人工用小一字螺钉旋具单击电磁阀测试按钮,检查气动连接回路是否正常,有无漏气现象,回路不正常或有漏气现象,每处扣2分,配分扣完为止	10		
合计		100		

◆ 总结与提高

任务完成后,学生根据任务实施情况,分析存在的问题和原因,填写分析表,指导教师对任务实施情况进行讲评。

任务实施过程	存在的问题	解决办法
工具使用		
识读图纸		
安装质量		
安全文明生产		

任务 3.2 检测分拣单元的电路气路连接与调试

◆ **工作任务卡**

任务编号	3.2	任务名称	检测分拣单元的电路气路连接与调试
任务目标	完成该单元中各接线端子电路的连接、传感器元件电路连接与调试		
设备型号	THJDMT-5B	实施地点	机电实训中心
设备系统	汇川/三菱	实训学时	4 学时
参考文件	机电一体化智能实训平台使用手册		

工具、设备、耗材

类别	名称	规格型号	数量	单位
工具	螺钉旋具	一字槽螺钉旋具、十字槽螺钉旋具	各1	把
	斜口钳	S044008	1	把
	刻度尺	得力钢尺 8462	1	把
	压线钳	0.25~10mm^2	1	把
	万用表	MY60	2	台
设备	线号管打印机	硕方线号机 TP70	2	台
	空气压缩机	JYK35-800W	1	台
耗材	气管	PU 软管,蓝色,6mm	5	m
	热缩管	1.5mm	1	m
	导线	0.75mm,黑	10	m
	接线端子	E-1008,黑	200	个
	光纤头	E32	10	条
	高精度光纤传感器	NPN	10	个

1. 工作任务

根据单元电气原理图和布局图,完成检测分拣单元电路与气路的安装。

(续)

图 示	说 明
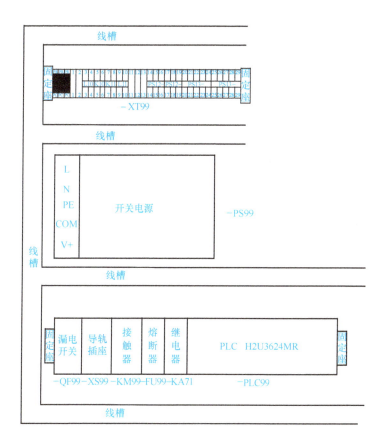 图 3-8 检测分拣单元配电柜电气布局图	将电气元件按布局图 3-8 所示安装在配电控制盘上

图 示	说 明
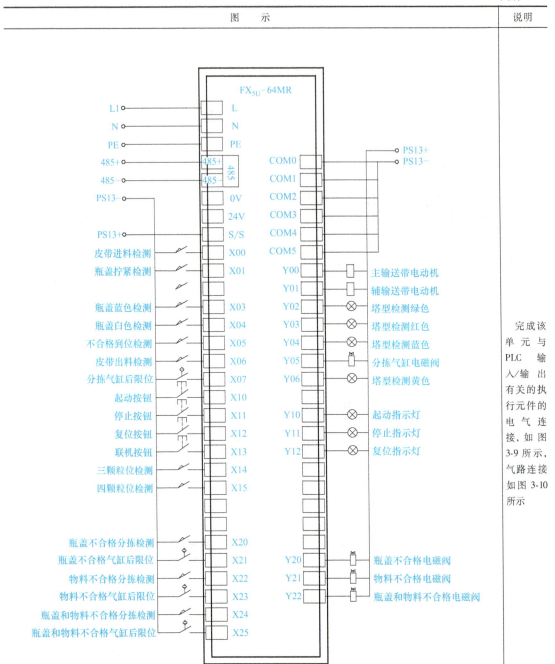	（续） 完成该单元与PLC输入/输出有关的执行元件的电气连接，如图3-9所示，气路连接如图3-10所示

图 3-9 检测分拣单元电气原理图（三菱系统）

(续)

图　　示	说明
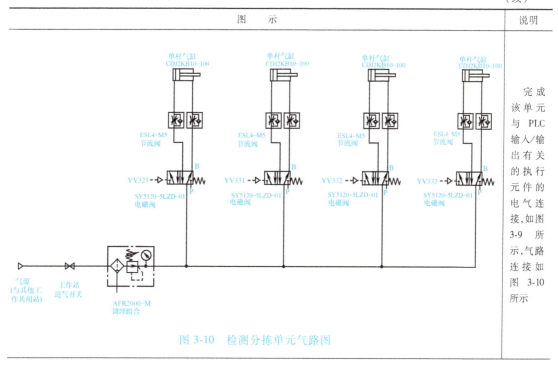

图 3-10　检测分拣单元气路图 | 完成该单元与 PLC 输入/输出有关的执行元件的电气连接,如图 3-9 所示,气路连接如图 3-10 所示 |

2. 工作准备

(1)技术资料:工作任务卡 1 份,设备说明书

(2)工作场地:有良好的照明、通风和消防设施等条件

(3)工具、设备领取单

(4)建议分组实施教学,每 2~3 人为一组,每组配备实训设备一台

(5)实训防护:穿戴劳保用品、工作服和防静电鞋

◆ **知识链接**

视觉传感器

视觉传感器是指利用光学元件和成像装置获取外部环境图像信息的仪器,通常用图像分辨率来描述视觉传感器的性能。视觉传感器的精度不仅与分辨率有关,而且同被测物体的检测距离相关。被测物体距离越远,其绝对的位置精度越差。视觉传感器按照芯片类型主要分为 CCD 和 CMOS 两大类。

本工作单元选配的视觉传感器为海康威视(160 万像素)1/2.9″,直流 24V 供电,镜头焦距 6mm,检测距离 20~300mm,自带光源,通信接口为以太网接口。通过相机自带软件可对相机参数、通信方式、IP 地址、方案名称等进行设置。可以对瓶盖进行颜色或内容的识别并将结果发送给 PLC 进行记录保存。

◆ 任务实施过程卡

检测分拣单元的电路气路连接与调试过程卡

模块名称	检测分拣单元的电路气路连接与调试		实施人		
图纸编号			实施时间		
工作步骤	所需零件名称		数量	所需工具	计划用时
安装电气元件					
电气元件接线					
安装气路					
编制人			审核人		第　页

◆ 考核与评价

任务	评分表 _____学年		工作形式 □个人 □小组分工 □小组		工作时间 _____min	
		训练内容		配分	学生自评	教师评分
检测分拣单元的电路/气路连接与调试	根据任务书所列完成每个端子板的接线,缺少一个端子接线扣1分,配分扣完为止			10		
	导线进入行线槽,每个进线口不得超过2根导线,不合格每处1分,配分扣完为止			10		
	每根导线对应一位接线端子,并将接线端子压牢,不合格每处扣1分,配分扣完为止			10		
	端子进线部分,每根导线必须套用号码管,不合格每处扣1分,配分扣完为止			10		
	每个号码管必须进行正确编号,不正确每处扣1分,配分扣完为止			10		
	扎带捆扎间距为50~80mm,且同一线路上捆扎间隔相同,不合格每处扣2分,配分扣完为止			10		
	绑扎带切割不能留余太长,必须小于1mm且不割手,若不符合要求每处扣2分,配分扣完为止			10		
	接线端子金属裸露不超过2mm,不合格每处扣1分,配分扣完为止			10		
	非同一个活动机构的气路、电路捆扎在一起,每处扣1分,配分扣完为止			10		
	本单元各传感器测试正常,无法检测每个扣1分,配分扣完为止			10		
	合计			100		

◆ 总结与提高

任务完成后,学生根据任务实施情况,分析存在的问题和原因,填写分析表,指导教师对任务实施情况进行讲评。

任务实施过程	存在的问题	解决办法
工具使用		
识读图纸		
安装质量		
安全文明生产		

任务 3.3　检测分拣单元的程序编写与调试

◆ 工作任务卡

任务编号	3.3	任务名称	检测分拣单元的程序编写与调试
任务目标	完成检测分拣单元控制程序、触摸屏工程设计并进行单机调试,保证能够进行正确运行,以便自动线后期能够实现生产过程自动化			
设备型号	THJDMT-5B	实施地点	机电实训中心
设备系统	汇川/三菱	实训学时	4学时
参考文件	机电一体化智能实训平台使用手册		

工具、设备、耗材

类别	名称	规格型号	数量	单位
工具	内六角扳手	组套,BS-C7	1	套
	螺钉旋具	一字槽螺钉旋具、十字槽螺钉旋具	各1	把
	斜口钳	S044008	1	把
	刻度尺	得力钢尺 8462	1	把
	万用表	MY60	2	台
设备	线号管打印机	硕方线号机 TP70	2	台
	空气压缩机	JYK35-800W	1	台
耗材	气管	PU 软管,蓝色,6mm	5	m
	热缩管	1.5mm	1	m
	导线	0.75mm,黑	10	m
	接线端子	E-1008,黑	200	个

1. 工作任务

完成检测分拣单元控制程序、触摸屏工程设计并进行单机调试,保证能够进行正确运行

序号	名称	功能描述	
1	X00	进料检测传感器感应到物料,X00 闭合	检测分拣单元 I/O 分配
2	X01	旋紧检测传感器感应到瓶盖,X01 闭合	
3	X03	瓶盖颜色传感器感应到蓝色,X03 闭合	
4	X04	瓶盖颜色传感器感应到白色,X04 闭合	
5	X05	不合格到位检测传感器感应到物料,X05 闭合	

(续)

序号	名称	功能描述	
6	X06	出料检测传感器感应到物料,X06 闭合	
7	X07	分拣气缸退回限位感应,X07 闭合	
8	X10	按下起动按钮,X10 闭合	
9	X11	按下停止按钮,X11 闭合	
10	X12	按下复位按钮,X12 闭合	
11	X13	按下联机按钮,X13 闭合	
12	X14	三颗粒位检测	
13	X15	四颗粒位检测	
14	X20	瓶盖不合格,分拣检测传感器感应到物料,X20 闭合	
15	X21	瓶盖不合格,分拣气缸退回限位感应,X21 闭合	
16	X22	物料不合格,分拣检测传感器感应到物料,X22 闭合	
17	X23	物料不合格,分拣气缸退回限位感应,X23 闭合	
18	X24	瓶盖和物料都不合格,分拣检测传感器感应到物料,X24 闭合	检测分拣单元I/O 分配
19	X25	瓶盖和物料都不合格,分拣气缸退回限位感应,X25 闭合	
20	Y00	Y00 闭合,主输送带运行	
21	Y01	Y01 闭合,分拣输送带运行	
22	Y02	Y02 闭合,检测机构指示灯绿色常亮	
23	Y03	Y03 闭合,检测机构指示灯红色常亮	
24	Y04	Y04 闭合,检测机构指示灯蓝色常亮	
25	Y05	Y05 闭合,分拣气缸伸出	
26	Y06	Y06 闭合,检测机构指示灯黄色常亮	
27	Y10	Y10 闭合,起动指示灯亮	
28	Y11	Y11 闭合,停止指示灯亮	
29	Y12	Y12 闭合,复位指示灯亮	
30	Y20	Y20 闭合,分拣气缸 1 伸出	
31	Y21	Y21 闭合,分拣气缸 2 伸出	
32	Y22	Y22 闭合,分拣气缸 3 伸出	

图 示	说 明
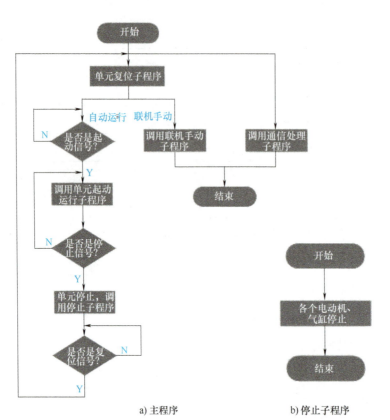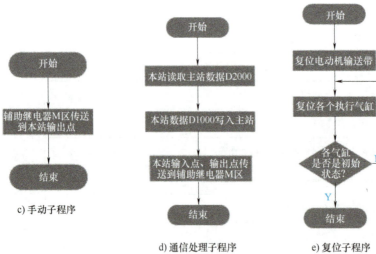a) 主程序　　b) 停止子程序　　c) 手动子程序　　d) 通信处理子程序　　e) 复位子程序 图 3-11　程序流程图 1	程序流程图 1 如图 3-11 所示

(续)

图示	说明
(流程图)	程序流程图 2 如图 3-12 所示

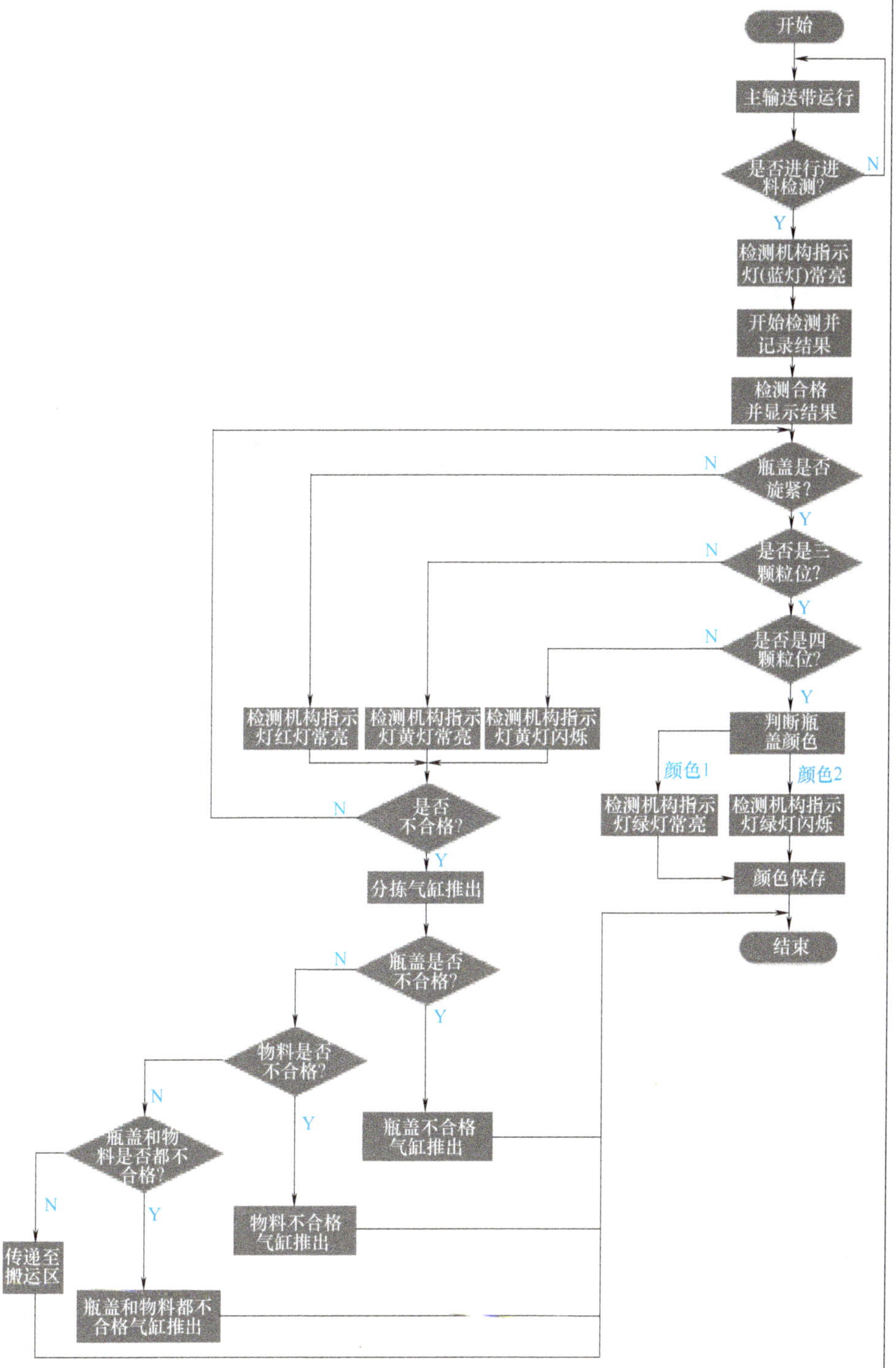

图 3-12 程序流程图 2

（续）

图　　　　示	说明
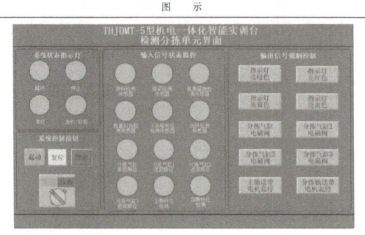	检测分拣单元组态画面如图 3-13 所示

图 3-13　检测分拣单元组态画面

2. 工作准备

（1）技术资料：工作任务卡 1 份，设备说明书

（2）工作场地：有良好的照明、通风和消防设施等条件

（3）工具、设备领取单

（4）建议分组实施教学，每 2~3 人为一组，每组配备实训设备一台

（5）实训防护：穿戴劳保用品、工作服和防静电鞋

◆ 知识链接

RFID 技术

1. RFID 技术介绍

无线射频识别（Radio Frequency Identification，RFID），是一种通信技术，俗称电子标签。它可通过无线电信号识别特定目标并读写相关数据，而无须识别系统与特定目标之间建立机械或光学接触。无线射频识别一般包含标签、阅读器、天线三部分。标签由耦合元件及芯片组成，每个标签具有唯一的电子编码，附着在物体上标识目标对象；阅读器又称读卡器，读取（有时还可以写入）标签信息的设备，可设计为手持式或固定式；天线主要是在标签和读取器间传递射频信号。

2. RFID 的通信方式

1）本单元使用的 RFID 通过 ModBus TCP 协议命令进行通信，其对 ModBus TCP 协议命令的支持如下：0x03 读寄存器；0x06 写单个寄存器；0x10 写多个寄存器。

2）同时，其具有可配置的回复格式：错误码回复为操作标签时，如果读写数据失败，返回 83H 和 90H+错误码；正确码回复为操作标签时，如果读失败返回数据 0，但是要通过判断寄存地址 1 的状态确定数据有效。

3）RFID 寄存器地址分配与功能定义，见表 3-3。

表 3-3 RFID 寄存器地址分配与功能定义

寄存器地址	寄存器名称	寄存器功能	R/W 特性
0x0000	系统信息寄存器	用于指示固件版本号和系统错误状态位	R
0x0001	标签读写状态寄存器	用于指示标签有效位、读完成、写完成位等	R
0x0002～0x0009	保留	暂未使用读是零	R
0x000A～0x000D	标签 UID	获取标签的 UID 码	R
0x000E…	标签数据区	标签数据区与标签空间有关	RW

系统信息寄存器用于保存读卡器固件版本号，以及错误信息。寄存器数据位信息见表 3-4。

表 3-4 信息寄存器数据位信息

bit15～bit8	bit7～bit0
保存版本号	表示系统错误信息

系统错误信息，见表 3-5，代表系统异常状态，断电才允许清零，否则要一直保持。

表 3-5 系统错误信息

错误代码（bit7～bit0）	错误内容
0x01	保留
0x02	看门狗复位
0x03	保留
0x04	保留

标签读写状态寄存器用于记录操作成功状态，标签离开后自动清零。标签有效位：0 表示电子标签不存在，1 表示读到有效标签；读操作：0 表示读数据失败，1 表示读数据成功；写操作：0 表示写数据失败，1 表示写数据成功，见表 3-6。

表 3-6 标签读写状态寄存器数据位信息

bit2	bit1	bit0
写操作成功	读操作成功	标签有效位

RFID 读 UID 流程如图 3-14 所示。

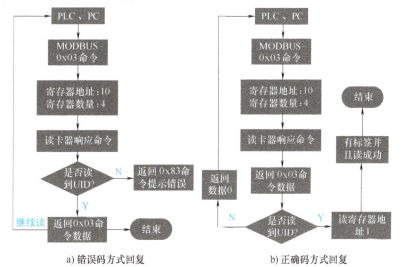

a) 错误码方式回复　　b) 正确码方式回复

图 3-14 RFID 读 UID 流程

RFID 读电子标签数据区流程如图 3-15 所示。

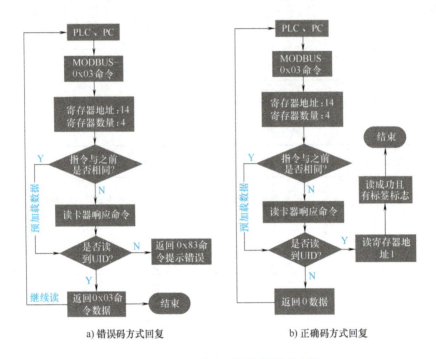

图 3-15　RFID 读电子标签数据区流程

RFID 写标签数据流程如图 3-16 所示。

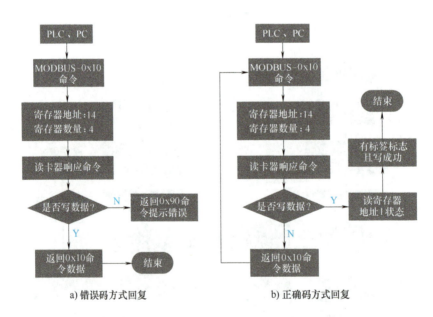

图 3-16　RFID 写标签数据流程

◆ 任务实施过程卡

<table>
<tr><td colspan="5" align="center">检测分拣单元的程序编写与调试过程卡</td></tr>
<tr><td>模块名称</td><td>检测分拣单元的程序编写与调试</td><td>实施人</td><td colspan="2"></td></tr>
<tr><td>图纸编号</td><td></td><td>实施时间</td><td colspan="2"></td></tr>
<tr><td></td><td colspan="2" align="center">功能检查</td><td>调试结果</td><td>用时</td></tr>
<tr><td rowspan="9">单机连续运行</td><td colspan="2">（1）上电，系统处于停止状态。停止指示灯亮，起动和复位指示灯灭</td><td></td><td></td></tr>
<tr><td colspan="2">（2）在停止状态下，按下复位按钮，该单元复位，复位过程中，复位指示灯闪烁（2Hz），所有机构回到初始位置。复位完成后，复位指示灯常亮，起动和停止指示灯灭。运行或复位状态下，按起动按钮无效</td><td></td><td></td></tr>
<tr><td colspan="2">（3）在复位就绪状态下，按下起动按钮，单元起动，起动指示灯亮，停止和复位指示灯灭</td><td></td><td></td></tr>
<tr><td colspan="2">（4）主输送带起动运行，检测机构指示灯蓝色常亮</td><td></td><td></td></tr>
<tr><td colspan="2">（5）手动将放有3颗物料并旋紧白色瓶盖的物料瓶放置到该单元起始端
当进料检测传感器检测到有物料瓶且旋紧检测传感器无动作，经过检测机构时，检测机构指示灯绿色常亮，物料瓶即被输送到主输送带的末端，出料检测传感器动作，主输送带停止，人工拿走物料瓶，输送带继续起动运行，检测机构指示灯绿色熄灭，蓝色常亮</td><td></td><td></td></tr>
<tr><td colspan="2">（6）手动将放有3颗物料并旋紧蓝色瓶盖的物料瓶放置到该单元起始端；当进料检测传感器检测到有物料瓶且旋紧检测传感器无动作，经过检测装置时，检测机构指示灯绿色闪烁（$f=2$Hz），物料瓶即被输送到主输送带的末端，出料检测传感器动作，主输送带停止，人工取走物料瓶，输送带继续起动运行，检测机构指示灯绿色熄灭，蓝色常亮</td><td></td><td></td></tr>
<tr><td colspan="2">（7）手动将放有2颗物料并旋紧瓶盖的物料瓶放置到该单元起始端；当进料检测传感器检测到有物料瓶且旋紧检测传感器无动作，经过检测装置时，检测机构指示灯黄色常亮，蓝色熄灭，物料瓶经过不合格到位检测传感器时，传感器动作，触发分拣气缸电磁阀得电，当到达分拣气缸位置时即被推到分拣输送带上，物料瓶在分拣输送带上经过物料不合格分拣检测传感器时，传感器动作，物料不合格分拣气缸电磁阀得电，使物料瓶被推到物料不合格分拣槽中</td><td></td><td></td></tr>
<tr><td colspan="2">（8）手动将放有3颗物料并未旋紧瓶盖的物料瓶放置到该单元起始端；当进料检测传感器检测到有物料瓶且旋紧检测传感器动作，经过检测装置时，检测机构指示灯（红灯）常亮，物料瓶经过不合格到位检测传感器时，传感器动作，触发分拣气缸电磁阀得电，当到达分拣气缸位置时即被推到辅输送带上；物料瓶在辅输送带上经过瓶盖不合格分拣检测传感器时，传感器动作，瓶盖不合格分拣气缸电磁阀得电，使物料瓶被推到瓶盖不合格分拣槽中</td><td></td><td></td></tr>
<tr><td colspan="2">（9）在任何起动运行状态下，按下停止按钮，该单元停止工作，停止指示灯亮，起动和"复位"指示灯灭</td><td></td><td></td></tr>
</table>

◆ 考核与评价

评分表 _____学年		工作形式 □个人 □小组分工 □小组	工作时间 _____min	
任务	训练内容	配分	学生自评	教师评分
检测分拣单元程序编写与调试	气源二联件压力表调节到 0.4~0.5MPa	0.5		
	单元复位			
	(1)上电,设备自动处于停止状态,停止指示灯亮	2.5		
	(2)系统处于停止状态下,按下复位按钮系统自动复位。其他运行状态下按此按钮无效	2.5		
	(3)复位灯(黄色灯,下同)闪亮显示	2.5		
	(4)停止(红色灯,下同)灯灭	2.5		
	(5)起动(绿色灯,下同)灯灭	2.5		
	(6)所有器件回到初始位置	2.5		
	(7)复位灯(黄色灯)常亮,系统进入就绪状态	2.5		
	单元运行			
	(1)主输送带起动运行,指示灯按任务实施过程卡要求亮灭	2.5		
	(2)手动将放有3颗物料并旋紧白色瓶盖的物料瓶放置到该单元起始端	2.5		
	(3)经过进料检测传感器时,该传感器有信号输入	2.5		
	(4)经过检测装置后,指示灯按任务实施过程卡要求亮灭	3.0		
	(5)3s后指示灯按任务实施过程卡要求亮灭	2.5		
	(6)物料瓶被输送到主输送带的末端,出料检测传感器动作,主输送带停止	2.5		
	(7)手动取走物料瓶,主输送带起动	2.5		
	(8)手动将放有3颗物料并旋紧蓝色瓶盖的物料瓶放置到该单元起始端	2.5		
	(9)经过进料检测传感器时,该传感器有信号输入	2.5		
	(10)经过检测装置后,指示灯按任务实施过程卡要求亮灭	3.0		
	(11)3s后指示灯按任务实施过程卡要求亮灭	2.5		
	(12)物料瓶被输送到主输送带的末端,出料检测传感器动作,主输送带停止	2.5		
	(13)手动取走物料瓶,主输送带起动	2.5		
	(14)手动将放有2颗物料并旋紧瓶盖的物料瓶放置到该单元起始端	2.5		
	(15)经过进料检测传感器时,该传感器有信号输入	2.5		
	(16)经过检测装置后,指示灯按任务实施过程卡要求亮灭	2.5		
	(17)3s后指示灯按任务实施过程卡要求亮灭	2.5		
	(18)物料瓶经过不合格到位检测传感器时,传感器动作,当物料瓶到达分拣气缸位置时即被推到不合格品输送带上	2.5		
	(19)手动将放有4颗物料并旋紧瓶盖的物料瓶放置到该单元起始端	2.5		
	(20)经过进料检测传感器时,该传感器有信号输入	2.5		
	(21)经过检测装置后,指示灯按任务实施过程卡要求亮灭	3.0		

(续)

任务	评分表 _____学年		工作形式 □个人 □小组分工 □小组	工作时间 _____min	
	训练内容	配分	学生自评	教师评分	
检测分拣单元程序编写与调试	单元运行				
	(22) 3s后指示灯按任务实施过程卡要求亮灭	2.5			
	(23) 物料瓶经过不合格到位检测传感器时,传感器动作,当物料瓶到达分拣气缸位置时即被推到不合格品输送带上	2.5			
	(24) 手动将放有3颗物料并未旋紧瓶盖的物料瓶放置到该单元起始端	2.5			
	(25) 经过进料检测传感器时,该传感器有信号输入	2.5			
	(26) 经过检测装置后,指示灯按任务实施过程卡要求亮灭	3.0			
	(27) 3s后指示灯按任务实施过程卡要求亮灭	2.5			
	(28) 物料瓶经过不合格到位检测传感器时,传感器动作,当物料瓶到达分拣气缸位置时即被推到不合格品输送带上	2.5			
	单元停止				
	(1) 系统在运行状态按停止按钮,单元立即停止,所有机构不工作	2.5			
	(2) 停止指示灯亮	2.5			
	(3) 运行指示灯灭	2.5			
	(4) 若再按起动按钮,单元不动作	2.5			
	合计	100			

◆ 总结与提高

任务完成后,学生根据任务实施情况,分析存在的问题和原因,填写分析表,指导教师对任务实施情况进行讲评。

任务实施过程	存在的问题	解决办法
工具使用		
识读图纸		
安装质量		
安全文明生产		

任务 3.4 检测分拣单元故障诊断与排除

◆ **工作任务卡**

任务编号	3.4	任务名称	检测分拣单元故障诊断与排除
设备型号	THJDMT-5B	实施地点	机电实训中心
设备系统	汇川	实训学时	4 学时
参考文件	机电一体化智能实训平台使用手册		

工具、设备、耗材

类别	名称	规格型号	数量	单位
工具	内六角扳手	组套,BS-C7	1	套
	螺钉旋具	一字槽螺钉旋具、十字槽螺钉旋具	各 1	把
	斜口钳	S044008	1	把
	刻度尺	得力钢尺 8462	1	把
	万用表	MY60	2	台
设备	线号管打印机	硕方线号机 TP70	2	台
	空气压缩机	JYK35-800W	1	台
耗材	气管	PU 软管,蓝色,6mm	5	m
	热缩管	1.5mm	1	m
	导线	0.75mm,黑	10	m
	接线端子	E-1008,黑	200	个

1. 工作任务

根据运行情况,完成检测分拣单元的故障诊断及排除

例如故障现象:物料瓶运行到分拣位置后,分拣气缸不动作

2. 工作准备

(1)技术资料:工作任务卡 1 份,设备说明书

(2)工作场地:有良好的照明、通风和消防设施等条件

(3)工具、设备领取单

(4)建议分组实施教学,每 2~3 人为一组,每组配备实训设备一台

(5)实训防护:穿戴劳保用品、工作服和防静电鞋

◆ 任务实施过程卡

<table>
<tr><td colspan="5" align="center">检测分拣单元故障诊断与排除过程卡</td></tr>
<tr><td>模块名称</td><td colspan="2">检测分拣单元
故障诊断与排除</td><td>实施人</td><td></td></tr>
<tr><td>图纸编号</td><td colspan="2"></td><td>实施时间</td><td></td></tr>
<tr><td>工作步骤</td><td>故障现象</td><td>故障分析</td><td>故障排除</td><td>计划用时</td></tr>
<tr><td rowspan="6">单机复位控制</td><td></td><td></td><td></td><td></td></tr>
<tr><td></td><td></td><td></td><td></td></tr>
<tr><td></td><td></td><td></td><td></td></tr>
<tr><td></td><td></td><td></td><td></td></tr>
<tr><td></td><td></td><td></td><td></td></tr>
<tr><td></td><td></td><td></td><td></td></tr>
<tr><td rowspan="20">单元自动运行</td><td></td><td></td><td></td><td></td></tr>
<tr><td></td><td></td><td></td><td></td></tr>
<tr><td></td><td></td><td></td><td></td></tr>
<tr><td></td><td></td><td></td><td></td></tr>
<tr><td></td><td></td><td></td><td></td></tr>
<tr><td></td><td></td><td></td><td></td></tr>
<tr><td></td><td></td><td></td><td></td></tr>
<tr><td></td><td></td><td></td><td></td></tr>
<tr><td></td><td></td><td></td><td></td></tr>
<tr><td></td><td></td><td></td><td></td></tr>
<tr><td></td><td></td><td></td><td></td></tr>
<tr><td></td><td></td><td></td><td></td></tr>
<tr><td></td><td></td><td></td><td></td></tr>
<tr><td></td><td></td><td></td><td></td></tr>
<tr><td></td><td></td><td></td><td></td></tr>
<tr><td></td><td></td><td></td><td></td></tr>
<tr><td></td><td></td><td></td><td></td></tr>
<tr><td></td><td></td><td></td><td></td></tr>
<tr><td></td><td></td><td></td><td></td></tr>
<tr><td></td><td></td><td></td><td></td></tr>
<tr><td rowspan="8">单机停止
控制</td><td></td><td></td><td></td><td></td></tr>
<tr><td></td><td></td><td></td><td></td></tr>
<tr><td></td><td></td><td></td><td></td></tr>
<tr><td></td><td></td><td></td><td></td></tr>
<tr><td></td><td></td><td></td><td></td></tr>
<tr><td></td><td></td><td></td><td></td></tr>
<tr><td></td><td></td><td></td><td></td></tr>
<tr><td></td><td></td><td></td><td></td></tr>
<tr><td>编制人</td><td></td><td>审核人</td><td></td><td>第　页</td></tr>
</table>

◆ 考核与评价

评分表 _____学年			工作形式 □个人 □小组分工 □小组	工作时间 _____ min	
任务	训练内容		配分	学生自评	教师评分
检测分拣单元故障诊断与排除	每个故障现象描述记录准确	每个故障点与故障现象记录准确,每缺少5个或错误一个扣5分,配分扣完为止	25		
	故障原因分析正确	分析错误或未查找出故障原因等,每次扣5分,配分扣完为止	25		
	故障排除合理	解决思路描述不合理、故障点描述本身错误或未查找出故障等,每次扣5分,配分扣完为止	50		
	合计		100		

◆ 总结与提高

任务完成后,学生根据任务实施情况,分析存在的问题和原因,填写分析表,指导教师对任务实施情况进行讲评。

任务实施过程	存在的问题	解决办法
工具使用		
识读图纸		
安装质量		
安全文明生产		

项目 4　工业机器人搬运单元的安装与调试

【项目情境】

工业机器人搬运单元（见图 4-1）控制挂板的安装与接线已经完成，现需要利用客户采购回来的器件及材料，完成工业机器人搬运单元模型机构组装，并在该站型材桌面上安装机构模块、接气管，保证模型机构能够正确运行，系统符合专业技术规范。按任务要求在规定时间内完成本自动线的装调，以便自动线后期能够实现生产过程自动化。

图 4-1　工业机器人搬运单元整机图

【项目目标】

知识目标	1. 了解工业机器人搬运单元的安装、运行过程
	2. 熟悉工业机器人校准和示教操作
	3. 掌握工业机器人的工作原理及常见故障分析及检修
	4. 了解现场管理知识、安全规范及产品检验规范
技能目标	1. 会使用电工仪器工具，对本站进行线路通断、线路阻抗的检测和测量
	2. 能对本单元电气元件（传感器、气动阀）、显示元件进行单点故障分析和排查
	3. 能够对工业机器人搬运单元自动化控制要求进行分析，提出自动线 PLC 编程解决方案，会开展本站系统的设计、调试工作
素质目标	1. 通过对机电一体化设备设计和故障排查，培养解决困难的耐心和决心，遵守工程项目实施的客观规律，培养严谨科学的学习态度
	2. 通过小组实施分工，具备良好的团队协作和组织协调能力，培养工作实践中的团队精神，通过按照自动化国家标准和行业规范，开展任务实施，培养学生质量意识、绿色环保意识、安全用电意识
	3. 通过实训室 6S 管理，培养学生的职业素养

任务 4.1　工业机器人搬运单元的机械构件组装与调整

◆ **工作任务卡**

任务编号	4.1	任务名称	工业机器人搬运单元的机械构件组装与调整
设备型号	THJDMT-5B	实施地点	
设备系统	汇川/三菱	实训学时	4 学时
参考文件		机电一体化智能实训平台使用手册	

工具、设备、耗材

类别	名称	规格型号	数量	单位
工具	内六角扳手	组套，BS-C7	1	套
	螺钉旋具	一字槽螺钉旋具、十字槽螺钉旋具	各1	把
	斜口钳	S044008	1	把
	刻度尺	得力钢尺 8462	1	把
	万用表	MY60	2	台
设备	直流电动机	24V，4.8W，620r/min	2	台
	线号管打印机	硕方线号机 TP70	2	台
	空气压缩机	JYK35-800W	1	台
耗材	15 针端子板	DB15	3	个
	普通平键 A 型	4×4×20	50	个
	圆柱头螺钉	M4×25	100	个

1. 工作任务

根据图纸资料完成工业机器人搬运单元各模块的器件安装和气路连接，并根据各机构间的相对位置将其安装在本单元的工作台上。

（续）

图　示	说　明
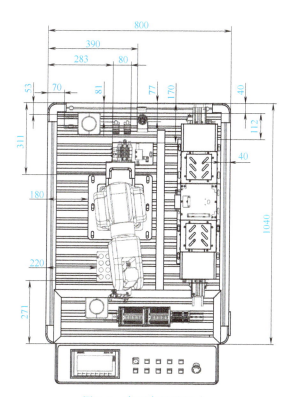　图4-2　单元总装图	单元总装图如图4-2所示 ①装配台模块 ②标签台模块 ③机器人夹具模块 ④A升降台模块 ⑤B升降台模块
图4-3　桌面布局及尺寸	将组装好的机器人夹具模块、升降台模块、装配台模块按照合适的位置安装到型材板上，组成机器人搬运单元的机械结构，桌面布局及尺寸如图4-3所示

(续)

图 示	说 明
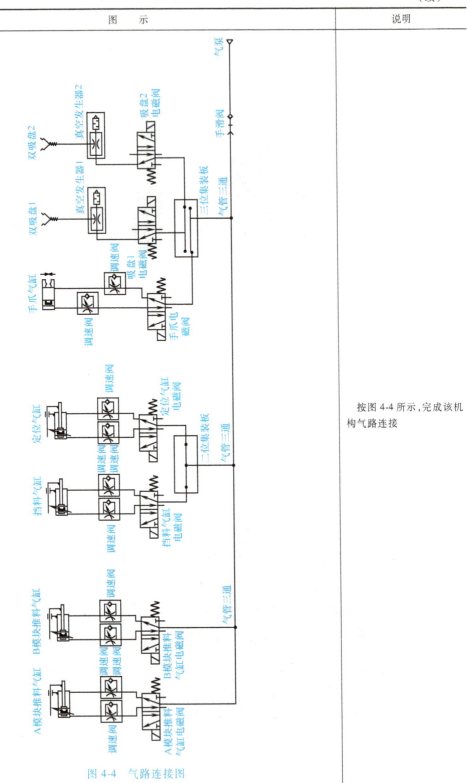 图 4-4 气路连接图	按图 4-4 所示,完成该机构气路连接

（续）

各机构初始状态			
机器人夹具模块	A升降台模块	B升降台模块	装配台模块
①夹具吸盘关闭	①推料气缸A缩回	①推料气缸B缩回	①挡料气缸下降定位气缸伸出
②工作气压0.4~0.5MPa	②步进电动机停止	②步进电动机停止	
③夹具抓手打开			

2. 工作准备

（1）技术资料：工作任务卡1份，设备说明书
（2）工作场地：有良好的照明、通风和消防设施等条件
（3）工具、设备领取单
（4）建议分组实施教学，每2~3人为一组，每组配备实训设备一台
（5）实训防护：穿戴劳保用品、工作服和防静电鞋

◆ 知识链接

数字流量开关介绍

机电一体化设备使用了数字流量计，用于测量设备工作时的耗气量，也可以对瞬时流量及累计流量等进行开关量输出，数字流量计的型号是PF2A710-01-27，通过设置参数，选择设定模型及方法。

1. 了解面板功能

数字流量计的面板功能示意图如图4-5所示。

面板功能表示部分：

输出（OUT_1）表示（绿）：输出 OUT_1 在ON时亮灯，发生电流过大错误时闪烁。

输出（OUT_2）表示（红）：输出 OUT_2 在ON时亮灯，发生电流过大错误时闪烁。

LED表示器：表示流量值、设定模式状态、选择的表示单位、错误代码。

▲按钮（UP）：选择模式并增加ON/OFF的设定值。

▼按钮（DOWN）：选择模式并减少ON/OFF的设定值。

●SET按钮：变更各模式及确定设定值时使用。

复位：如果同时按压▲按钮及▼按钮，复位功能起动，在清除发生异常的数据时使用。

2. 了解电气接线

流量开关NPN型输出的电气接线图如图4-6所示，其中棕色、蓝色线为电源线，接24V直流电源，白色、黑色线是信号线，可以接PLC的输入端。

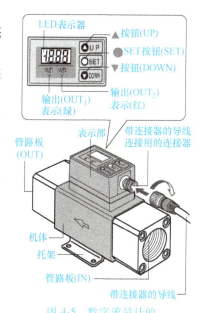

图4-5 数字流量计的面板功能示意图

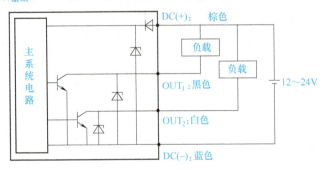

图 4-6 流量开关 NPN 型输出的电气接线图

3. 学习调试

调试主要包括设定表示模式、设定输出方法、设定输出模式、累计流量表示功能、累计流量设定模式等。

◆ 任务实施过程卡

工业机器人搬运单元的机械构件组装与调整过程卡					
模块名称		工业机器人搬运单元的机械构件组装与调整	实施人		
图纸编号			实施时间		
工作步骤与效果图		所需零件名称	数量	所需工具	计划用时
机器人夹具模块					
装配台模块					
升降台模块					
安装到工作台					
气路连接与调试					
编制人			审核人		第　页

◆ 考核与评价

评分表 _____学年		工作形式 □个人 □小组分工 □小组	工作时间 _____min	
任务	训练内容	配分	学生自评	教师评分
工业机器人搬运单元的机械构件组装与调整	机器人夹具模块零件齐全,零件安装部位正确,缺少零件,零件安装部位不正确,每处扣1分	12		
	装配台模块零件齐全,零件安装部位正确,缺少零件,零件安装部位不正确,每处扣1分	12		
	B升降台模块零件齐全,零件安装部位正确,缺少零件,零件安装部位不正确,每处扣1分	12		
	各模块机构固定螺钉紧固,无松动,固定螺钉松动,每处扣1分,配分扣完为止	12		
	输送线型材主体与脚架立板垂直,不成直角,每处扣2分,配分扣完为止	10		
	各模块机构齐全,模块在桌面前后方向定位尺寸与布局图给定标准尺寸误差不超过±3mm,超过不得分,每错漏1处扣2分,共6处,配分扣完为止	12		
	使用扎带绑扎气管,扎带间距小于60mm,均匀间隔,剪切后扎带长度≤1mm,每处不符合要求扣0.1分	10		
	气源二联件压力表调节到0.4~0.5MPa	8		
	气路测试,人工用小一字螺钉旋具按电磁阀测试按钮,检查气动连接回路是否正常,有无漏气现象,回路不正常或有漏气现象,每处扣2分,共6个气缸,配分扣完为止	12		
	合计	100		

◆ 总结与提高

任务完成后,学生根据任务实施情况,分析存在的问题和原因,填写分析表,指导教师对任务实施情况进行讲评。

任务实施过程	存在的问题	解决办法
工具使用		
识读图纸		
安装质量		
安全文明生产		

◆ 任务拓展

观看视频,了解工业机器人应用。

工业机器人应用场景

任务 4.2　工业机器人搬运单元的电气连接与调试

◆ **工作任务卡**

任务编号	4.2	任务名称	工业机器人搬运单元的电气连接与调试
设备型号	THJDMT-5B	实施地点	
设备系统	汇川/三菱	实训学时	4 学时
参考文件		机电一体化智能实训平台使用手册	

工具、设备、耗材

类别	名称	规格型号	数量	单位
工具	内六角扳手	组套,BS-C7	1	套
	螺钉旋具	一字槽螺钉旋具、十字槽螺钉旋具	各1	把
	斜口钳	S044008	1	把
	刻度尺	得力钢尺 8462	1	把
	万用表	MY60	2	台
设备	线号管打印机	硕方线号机 TP70	2	台
	空气压缩机	JYK35-800W	1	台
耗材	气管	PU 软管,蓝色,6mm	5	m
	热缩管	1.5mm	1	m
	导线	0.75mm,黑	10	m
	接线端子	E-1008,黑	200	个
	光纤头	E32	10	条
	高精度光纤传感器	NPN	10	个
	冷压接线端子	SV1.25-4	50	个
	扎带	3×120,黑	50	条
	电磁阀	4V210-08	5	个
	37 针端子板	DB37	2	个
	磁性开关	NPN	5	条

1. 工作任务

请完成该单元中如下连接与调试：
(1) 各接线端子电路的连接
(2) 传感器元件电路连接与调试
(3) 步进电动机的接线、参数设置与调试

（续）

图　　示	说　明
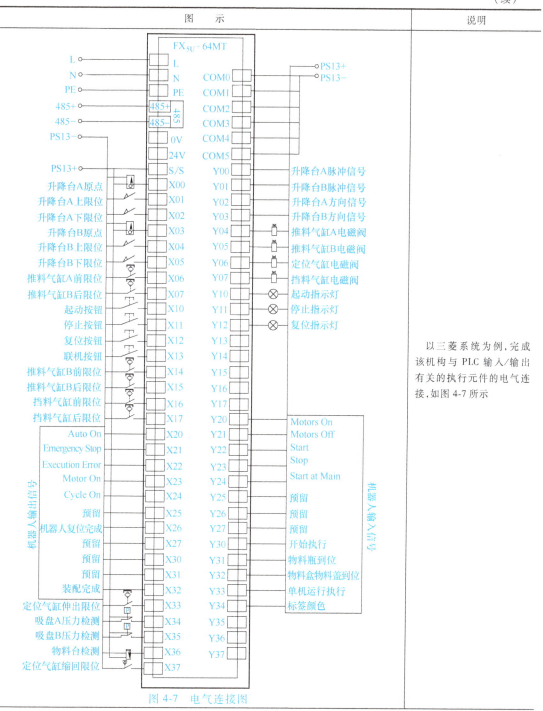 图 4-7　电气连接图	以三菱系统为例，完成该机构与 PLC 输入/输出有关的执行元件的电气连接，如图 4-7 所示

2. 工作准备

(1) 技术资料：工作任务卡 1 份，设备说明书
(2) 工作场地：有良好的照明、通风和消防设施等条件
(3) 工具、设备领取单
(4) 建议分组实施教学，每 2~3 人为一组，每组配备实训设备一台
(5) 实训防护：穿戴劳保用品、工作服和防静电鞋

◆ 知识链接

步进电动机介绍

步进电动机是将输入的电脉冲信号转换成直线位移或角位移。即每输入一个脉冲,步进电动机就转动一个角度或前进一步。步进电动机的位移与输入脉冲的数目呈正比,它的速度与脉冲频率呈正比。步进电动机可以通过改变输入脉冲信号的频率来进行调速,而且具有快速起动和制动的优点。

本单元的步进驱动系统主要是控制升降台 A 或 B 的升降。应用的步进电动机型号为 YK42XQ47-02A,与之配套的驱动器型号为 YKD2305M。此步进电动机为 2 相 4 线步进电动机,其步距角为 0.9°。步进驱动器如图 4-8 所示,图中对驱动器上接口端子的功能和拨码设置进行了说明,见表 4-1。步进驱动器其参数需拨码改后才能正常使用,本站设置步进驱动器的拨码为 00110110 。

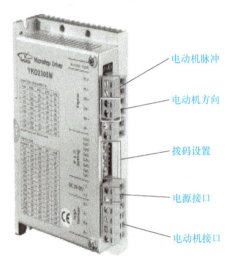

图 4-8 驱动器接口注解

表 4-1 驱动器端子接口定义

标记符号	功能	注释
POWER/ALARM	电源、报警指示灯	绿色:电源指示灯;红色:故障指示灯
PU	步进脉冲信号	下降沿有效,即脉冲由高到低变化时,电动机走一步
DR	步进方向信号	用于改变电动机转向
MF	电动机释放信号	低电平时,关断电动机线圈电流,驱动器停止工作
+A	电动机接线	红色
-A		绿色
+B		蓝色
-B		黄色
+V	电源正极	DC 20~50V
-V	电源负极	

◆ 任务实施过程卡

<table>
<tr><td colspan="5" align="center">工业机器人搬运单元的电气连接与调试过程卡</td></tr>
<tr><td align="center">模块名称</td><td align="center">工业机器人搬运单元的电气连接与调试</td><td align="center">实施人</td><td colspan="2"></td></tr>
<tr><td align="center">图纸编号</td><td></td><td align="center">实施时间</td><td colspan="2"></td></tr>
<tr><td align="center">工作步骤</td><td align="center">所需零件名称</td><td align="center">数量</td><td align="center">所需工具</td><td align="center">计划用时</td></tr>
<tr><td rowspan="4" align="center">安装电气元件</td><td></td><td></td><td></td><td rowspan="4"></td></tr>
<tr><td></td><td></td><td></td></tr>
<tr><td></td><td></td><td></td></tr>
<tr><td></td><td></td><td></td></tr>
<tr><td rowspan="4" align="center">电气元件接线</td><td></td><td></td><td></td><td rowspan="4"></td></tr>
<tr><td></td><td></td><td></td></tr>
<tr><td></td><td></td><td></td></tr>
<tr><td></td><td></td><td></td></tr>
<tr><td rowspan="4" align="center">安装气路</td><td></td><td></td><td></td><td rowspan="4"></td></tr>
<tr><td></td><td></td><td></td></tr>
<tr><td></td><td></td><td></td></tr>
<tr><td></td><td></td><td></td></tr>
<tr><td align="center">编制人</td><td></td><td align="center">审核人</td><td></td><td align="center">第 页</td></tr>
</table>

◆ 考核与评价

<table>
<tr><td colspan="2" align="center">评分表
_____学年</td><td colspan="2" align="center">工作形式
□个人 □小组分工 □小组</td><td colspan="2" align="center">工作时间
_____min</td></tr>
<tr><td align="center">任务</td><td align="center">训练内容</td><td colspan="2" align="center">配分</td><td align="center">学生自评</td><td align="center">教师评分</td></tr>
<tr><td rowspan="9" align="center">工业机器人搬运单元的电气连接与调试</td><td>根据工作任务卡所列,完成每个端子板的接线,缺少一个端子接线扣1分,配分扣完为止</td><td colspan="2" align="center">14</td><td></td><td></td></tr>
<tr><td>导线进入行线槽,每个进线口不得超过6根,并分布合理、整齐,单根导线直接进入走线槽且不交叉,出现进线口超过6根、导线交叉、不整齐的,每处扣2分,扣完为止</td><td colspan="2" align="center">12</td><td></td><td></td></tr>
<tr><td>导线进入行线槽,每个进线口不得超过2根导线,不合格每处1分,配分扣完为止</td><td colspan="2" align="center"></td><td></td><td></td></tr>
<tr><td>每根导线对应一位接线端子,并将接线端子压牢,不合格每处扣1分,配分扣完为止</td><td colspan="2" align="center">12</td><td></td><td></td></tr>
<tr><td>端子进线部分,每根导线必须套用号码管,不合格每处扣1分,配分扣完为止</td><td colspan="2" align="center">10</td><td></td><td></td></tr>
<tr><td>每个号码管必须进行正确编号,不正确每处扣1分,配分扣完为止</td><td colspan="2" align="center">12</td><td></td><td></td></tr>
<tr><td>扎带捆扎间距为50~80mm,且同一电路上捆扎间隔相同,不合格每处扣2分,配分扣完为止</td><td colspan="2" align="center">10</td><td></td><td></td></tr>
<tr><td>绑扎带切割不能留余太长,必须小于1mm且不割手,若不符合要求每处扣2分,配分扣完为止</td><td colspan="2" align="center">10</td><td></td><td></td></tr>
<tr><td>接线端子金属裸露不超过2mm,不合格每处扣1分,配分扣完为止</td><td colspan="2" align="center">10</td><td></td><td></td></tr>
<tr><td></td><td>非同一个活动机构的电路捆扎在一起,每处扣2分,配分扣完为止</td><td colspan="2" align="center">10</td><td></td><td></td></tr>
<tr><td colspan="2" align="center">合计</td><td colspan="2" align="center">100</td><td></td><td></td></tr>
</table>

◆ **总结与提高**

任务完成后,学生根据任务实施情况,分析存在的问题和原因,填写分析表,指导教师对任务实施情况进行讲评。

任务实施过程	存在的问题	解决办法
工具使用		
识读图纸		
安装质量		
安全文明生产		

◆ **任务拓展**

阅读文档,了解更多ABB工业机器人特性。

任务 4.3　工业机器人的操作

◆ **工作任务卡**

任务编号	4.3	任务名称	工业机器人的操作		
设备型号	THJDMT-5B	实施地点			
设备系统	汇川/三菱	实训学时	4学时		
参考文件	机电一体化智能实训平台使用手册				
工具、设备、软件、耗材					
类别	名称	规格型号	数量	单位	
工具	内六角扳手	组套,BS-C7	1	套	
	螺钉旋具	一字槽螺钉旋具、十字槽螺钉旋具	各1	把	
	斜口钳	S044008	1	把	
	刻度尺	得力钢尺 8462	1	把	
设备	万用表	MY60	2	台	
	线号管打印机	硕方线号机 TP70	2	台	
	空气压缩机	JYK35-800W	1	台	
软件	汇川编程软件	AutoShop V3.02	1	套	
	三菱编程软件	GX Works3	1	套	
耗材	气管	PU 软管,蓝色,6mm	5	m	
	热缩管	1.5mm	1	m	
	导线	0.75mm,黑	10	m	
	接线端子	E-1008,黑	200	个	

(续)

1. 工作任务	
根据设备运行的要求,示教机器人点位信息,编写机器人控制程序,并且进行调试,使其能够正常运行	
机器人从检测分拣单元的出料位将物料瓶搬运到包装盒中,路径规划要合理,搬运过程中不得与任何机构发生碰撞。包装盒中装满4个物料瓶后,机器人回到原点位置,即使检测到检测分拣单元的出料位有物料瓶,机器人也不再进行抓取	瓶子搬运功能
机器人从原点运动到包装盒盖位置,用吸盘将包装盒盖吸取并盖到包装盒上,路径规划要合理,加盖过程中不得与任何机构发生碰撞,盖好后回到原点位置。包装盒中装满4个物料瓶后,机器人回到原点位置,即使检测到检测分拣单元的出料位有物料瓶,机器人也不再进行抓取	盒盖搬运功能
机器人从原点运动到标签台位置,用吸盘依次将两个蓝色和两个白色标签吸取并贴到包装盒盖上,路径规划要合理,贴标过程中不得与任何机构发生碰撞。贴满4个标签后回到原点位置	标签搬运功能
2. 工作准备	
(1)技术资料:工作任务卡1份,设备说明书	
(2)工作场地:有良好的照明、通风和消防设施等条件	
(3)工具、设备领取单	
(4)建议分组实施教学,每2~3人为一组,每组配备实训设备一台	
(5)实训防护:穿戴劳保用品、工作服和防静电鞋	

◆ 知识链接

1. ABB 工业机器人介绍

本设备的 ABB 工业机器人系统主要由本体 IRB120（见图 4-9）、控制器 IRC5Compact 和示教单元 FlexPendant 组成。请查阅手册,了解 ABB 机器人常用操作及示教方法。

2. 三菱工业机器人介绍

本设备的三菱工业机器人系统主要由本体 RV-2FR、控制器 CR800 和示教单元 R33TB-S03 组成。请查阅手册,了解三菱机器人常用操作及示教方法。

3. 本设备机器人搬运操作

（1）瓶子搬运功能
（2）盒盖搬运功能
（3）标签搬运功能

4. ABB 机器人的常用指令介绍

（1）运动指令　机器人在空间中运动主要有绝对位置运动（MoveAbsJ）、关节运动（MoveJ）、线性运动（MoveL）和圆弧运动（MoveC）四种方式。

1）绝对位置运动指令。绝对位置运动指令是机器人的运动使用6个轴和外轴的角度值来定义目标位置数据。常用于机器人6个轴回到机械零点（0°）的位置,如图4-10所示。

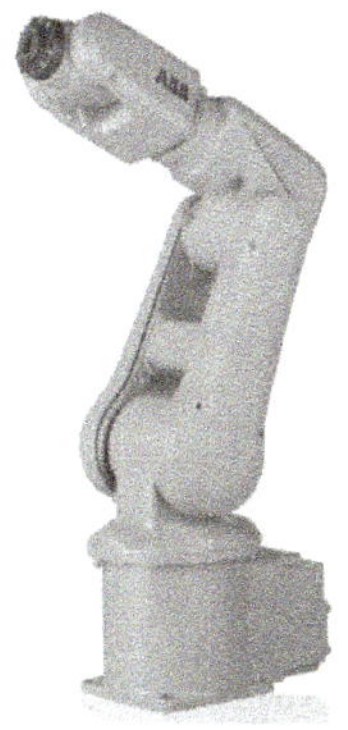

图 4-9　ABB 工业机器人 IRB120 本体图

指令解析见表 4-2。

图 4-10　绝对位置运动指令

表 4-2　指令解析

参数	含义
*	目标点位置数据
\NoEoffs	外轴不带偏移数据
v1000	运动速度数据,1000mm/s
z50	转弯区数据
too10	工具坐标数据

2）关节运动指令。关节运动指令是在对路径精度要求不高的情况下，机器人的工具中心点 TCP 从一个位置移动到另一个位置，两个位置之间的路径不一定是直线。指令如下：

Move Jp10，v1000，z50，too10；

解析：机器人的 TCP 从当前向 P10 点运动，速度是 1000mm/s，转弯区数据是 50mm，距离 P10 点还有 50mm 的时候开始转弯使用的是工具数据 too10。

3）线性运动指令。线性运动指令是机器人的 TCP 从起点到终点之间的路径始终保持为直线。一般如焊接、涂胶等应用对路径要求高的场合使用此指令。指令如下：

Move Lp10，v1000，fine，too11；

4）圆弧运动指令。圆弧路径由起点、中间点、终点三个位置点，当前位置为圆弧的起点（当前位置不能和第二点（P10）位置重合），第二个（P10）点为圆弧的中间点，第三个（p20）点为圆弧的终点位置。指令如下：

Move cp10，p20，v1000，z1，too11；

解析：在运动指令中关于速度一般最高为 500mm/s，在手动限速状态下，所有的运动速度被限速在 250mm/s。

关于转弯区，fine 指机器人 TCP 达到目标点，在目标点速度将为 0，机器人动作有所停顿后再向下运动，如果是一段路径的最后一个点，一定要为 fine。转弯区数值越大，机器人的动作路径就越圆滑与流畅。

如果系统中不存在速度，则要自己在自动数据处新建速度。操作步骤如下：

依次单击"程序数据"→"视图"→"全部数据"选项,选择"speeddata",单击"新建"按钮,更改名称,如果要新建的速度为8mm/s,建议把变量名称更改为"v8",更改完成单击"确认"按钮。选中新建的变量,修改"v_tcp"速度为"8",其他默认如图4-11所示。

(2)赋值指令 赋值指令(":=")用于对程序数据进行赋值,赋值可以是一个常量或数学表达式。

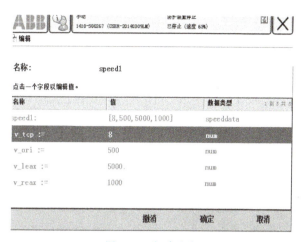

图4-11 新建速度

1)常量赋值:reg1:=5;

2)数学表达式赋值:reg2:=reg1+4;

(3)I/O控制指令 I/O控制指令用于控制I/O信号,以达到与机器人周边设备进行通信的目的。

1)Set指令为数字信号置1指令,主要用于将数字输出置为1。示例如下:

Set do1;

解析:将数字输出do1置为1。

2)Reset指令为数字信号复位指令,主要用于将数字输出置为0。示例如下:

Reset do1;

解析:将数字输出do1置为0。

3)WaitDI指令为数字输入信号判断指令,主要用于判断数字输入信号的值是否与目标一致。示例如下:

WaitDI di1,1;

解析:当程序执行此指令时,等待di1的值为1。如果di1为1,则程序继续往下执行;如果到达最大等待时间300s(此时间可根据实际进行设定)以后,di1的值还不为1,则机器人报警或进入出错处理程序。

4)WaitDO指令为数字输出信号判断指令,主要用于判断数字输出信号值是否与目标一致。示例如下:

WaitDO do1,1;

5)Waituntil指令为信号判断指令,可用于布尔量、数字量和I/O信号的判断,如果条件达到设定值,程序继续往下执行,否则就一直等待,除非设定了最大时间。示例如下:

Waituntil di1=1;

Waituntil do1=0;

Waituntil flag1=1;

Waituntil num1=4;

解析:flag1是布尔量,num1是数字量。

(4)条件逻辑判断指令 用于对条件进行判断后,执行相应的操作,是RAPID中重要的组成部分。

1)CompactIF紧凑型条件判断指令主要用于当一个条件满足了以后,就执行下一句指令。示例如下：

IF flag1 = TRUE set do1；

解析：如果 flag1 的状态为 TURE，则 do1 被置位为 1。

2）IF 条件判断指令就是根据不同的条件去执行不同的指令。示例如下：

IF num1=1 THEN，Flag 1：=TURE；

//如果 num1 为 1 则，Flag1 会被赋值为 TURE

ELSEIF num1=2 THEN，Flag1：=FALSE；

//如果 num1 为 2 则，Flag1 会被赋值为 FALS

ELSE setdo1；

//除了以上两种条件之外，则

将 do1 置位为 1

ENDIF//结束判断

3）FOR 重复执行判断指令用于一个或多个指令需要重复执行数次的情况。示例如下：

FOR i FROM 1 to10 DO

    Routine1；

ENDFOR

解析：例行程序 Routine1，重复执行 10 次。

4）WHILE 条件判断指令用于在给定条件满足的情况下，一直重复执行对应的指令。示例如下：

WHILE num1>num2 DO；

    num1：=num1-1；

  ENDWHILE

解析：当 num1>num2 的条件满足情况下，就一直执行 num1：=num1-1 的操作。

(5) 其他的常用指令

1）ProcCall 调用例行程序指令为在指定的位置调用例行程序。

2）RETURN 返回例行程序指令被执行时，则立即结束本例行程序的执行，返回程序指针到调用此例行程序的位置。

3）WaitTime 时间等待指令用于程序在等待一个指定的时间以后，再继续向下执行。示例如下：

WaitTime 4；

Reset do1；

解析：等待 4s 以后，程序向下执行 Reset do1 命令。

4）Offs 偏移功能以选定的目标点为基准，沿着选定工件坐标系的 X、Y、Z 轴方向偏移一定的距离。示例如下：

MoveLoffs (p10, 0, 0, 10), v300, fine, tool1 \ wobj：=wobj1；

解析：将机器人 TCP 移动至 p10 为基准点，沿着 wobj1 的 Z 轴正方向偏移 10mm 的位置。

◆ 任务实施过程卡

工业机器人的操作过程卡				
模块名称	工业机器人的操作	实施人		
图纸编号		实施时间		
确定机器人控制器 I/O 分配	PLC 信号	ABB 机器人信号	ABB 机器人端口功能描述	实施时间

（续）

	坐标点名称	坐标点含义	备注	实施时间
确定机器人轨迹点位解析表				

（续）

	步骤	图示	说明	实施时间
系统输入设定	1. 打开"ABB"菜单			
	2. 单击"配置"选项			
	3. 选择菜单中的"System Input"选项			
	4. 单击"添加"按钮			
	5. 单击机器人I/O"Signal Name"选项进行设定			
	6. 选择"Di01",单击"确定"按钮			
	7. 单击机器人I/O"Action"选项进行设定			
	8. 选中"Motor On"选项,单击"确定"按钮			
	9. 设定完成,单击"确定"按钮			
	10. 先单击"否"按钮,等系统输入和系统输出全部都关联好后,再单击"是"按钮重启控制器			
	11. 按照以上系统输入关联设定方法,对其他关联信号进行设定			
	步骤	子步骤	说明	实施时间
工具坐标与工件坐标的创建	1. 创建工具数据Tooldata			
	2. 创建工件坐标数据WobjLabel			
	步骤	运动轨迹示意图	搬运点信息说明	实施时间
机器人运动轨迹	1. 物料瓶搬运运动轨迹			
	2. 盒盖搬运运动轨迹			
	3. 标签搬运运动轨迹			
	任务要求	步骤	说明	实施时间
机器人程序编写	编写机器人程序,完成对物料瓶搬运动作4次;搬运盒盖并对物料盒进行上盖;以及连续摆放4个标签于盒盖上,然后复位,单机动作完成	主程序		
		初始化子程序		
		物料瓶搬运子程序		
		盒盖搬运子程序		
		标签搬运子程序		

◆ 考核与评价

评分表 _____学年			工作形式 □个人 □小组分工 □小组	工作时间 _____ min	
任务	训练内容		训练要求	学生自评	教师评分
系统 I/O 配置	系统 I/O 配置 (50分)	DI1 配置成 Stop	如果 I/O 配置错误,每项扣 5 分,配分扣完为止		
		DI3 配置成 Motors On			
		DI4 配置成 Start At Main			
		DI5 配置成 Reset Execution Error			
		DI6 配置成 Motors Off			
		DO1 配置成 Auto On			
		DO3 配置成 Emergency Stop			
		DO4 配置成 Execution Error			
		DO5 配置成 Motor On			
		DO6 配置成 Cycle On			
单机自 动运行 过程	合理规 划机器 人示教 点及 路径 (50分)	搬运过程中不得与任何机构发生碰撞	若搬运过程中碰撞一次,扣 5 分,配分扣完为止		
		若检测机器人搬运单元的出料位无物料瓶,机器人需回到原点位置 pHome 等待	若机器人没有回到原点位置 pHome,每次扣 5 分,配分扣完为止		
		按正确顺序放入物料盒中装物料瓶	若物料瓶安放顺序错误,每个扣 5 分		
		物料盒中装满 4 个瓶子后,机器人回到原点位置 pHome	若无回到原点位置 pHome,扣 5 分		

◆ 总结与提高

任务完成后,学生根据任务实施情况,分析存在的问题和原因,填写分析表,指导教师对任务实施情况进行讲评。

任务实施过程	存在的问题	解决办法
工具使用		
识读图纸		
安装质量		
安全文明生产		

◆ 任务拓展

观看视频,了解工业机器人更多应用场景。

任务 4.4　工业机器人搬运单元的程序编写与调试

◆ 工作任务卡

任务编号	4.4	任务名称	工业机器人搬运单元的程序编写与调试
设备型号	THJDMT-5B	实施地点	
设备系统	汇川/三菱	实训学时	4学时
参考文件		机电一体化智能实训平台使用手册	

工具、设备、耗材

类别	名称	规格型号	数量	单位
工具	内六角扳手	组套,BS-C7	1	套
	螺钉旋具	一字槽螺钉旋具、十字槽螺钉旋具	各1	把
	斜口钳	S044008	1	把
	刻度尺	得力钢尺8462	1	把
	万用表	MY60	2	台
设备	线号管打印机	硕方线号机TP70	2	台
	空气压缩机	JYK35-800W	1	台
耗材	气管	PU软管,蓝色,6mm	5	m
	热缩管	1.5mm	1	m
	导线	0.75mm,黑	10	m
	接线端子	E-1008,黑	200	个

1. 工作任务

完成工业机器人搬运单元控制程序、触摸屏工程设计并进行单机调试

该单元工作过程为:设备得到"起动"信号后,挡料气缸伸出,同时推料气缸A将物料盒推出到装箱台上;机器人开始从机器人搬运工作站的出料位将物料瓶搬运到物料盒中;物料盒中装满4个物料瓶后,机器人再用吸盘将物料盒盖吸取并盖到物料盒上;机器人最后根据装入物料盒内4个物料瓶盖颜色的顺序,依次将与物料瓶盖颜色相同的标签贴到盒盖的标签位上,贴完4个标签后等待成品入库

(续)

名称	功能描述
X0	升降台 A 运动到原点,X0 断开
X1	升降台 A 碰撞上限位,X1 断开
X2	升降台 A 碰撞下限位,X2 断开
X3	升降台 B 运动到原点,X3 断开
X4	升降台 B 碰撞上限位,X4 断开
X5	升降台 B 碰撞下限位,X5 断开
X6	推料气缸 A 伸出,X6 闭合
X7	推料气缸 A 缩回,X7 闭合
X10	按下起动按钮,X10 闭合
X11	按下停止按钮,X11 闭合
X12	按下复位按钮,X12 闭合
X13	按下联机按钮,X13 闭合
X14	推料气缸 B 伸出,X14 闭合
X15	推料气缸 B 缩回,X15 闭合
X16	挡料气缸伸出,X16 闭合
X17	挡料气缸缩回,X17 闭合
X20-X32	未定义
X33	加盖定位气缸伸出,X33 闭合
X34	吸盘 A 有效,X34 闭合
X35	吸盘 B 有效,X35 闭合
X36	物料台有物料,X36 闭合
X37	加盖定位气缸缩回,X37 闭合
Y0	Y0 闭合给升降台 A 发脉冲
Y1	Y1 闭合给升降台 B 发脉冲
Y2	Y2 闭合改变升降台 A 方向
Y3	Y3 闭合改变升降台 B 方向
Y4	Y4 闭合升降台气缸 A 伸出
Y5	Y5 闭合升降台气缸 B 伸出
Y6	Y6 闭合加盖定位气缸伸出
Y7	Y7 闭合挡料气缸伸出
Y10	Y10 闭合起动指示灯亮

确定 PLC 的 I/O 分配,如图 4-12 所示

图 4-12　I/O 分配

(续)

图　　示	说明
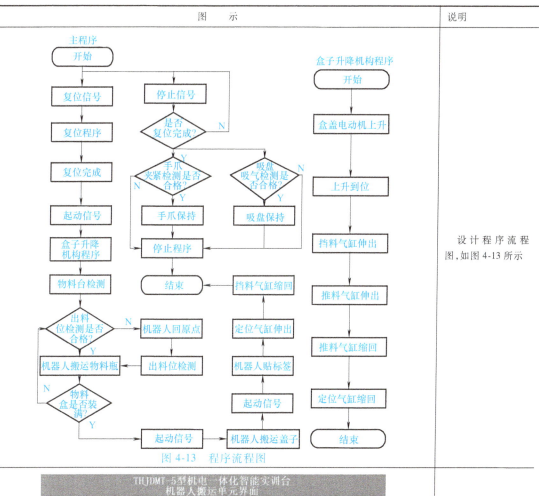 图 4-13　程序流程图	设计程序流程图,如图 4-13 所示
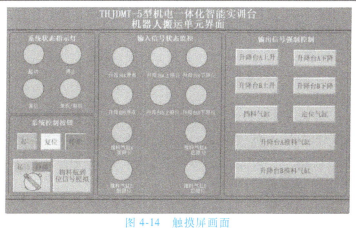 图 4-14　触摸屏画面	设计触摸屏画面,如图 4-14 所示

2. 工作准备

(1)技术资料:工作任务卡 1 份,设备说明书
(2)工作场地:有良好的照明、通风和消防设施等条件
(3)工具、设备领取单
(4)建议分组实施教学,每 2~3 人为一组,每组配备实训设备一台
(5)实训防护:穿戴劳保用品、工作服和防静电鞋

◆ **知识链接**

1. 信息收集

在任务完成时,请检查确认以下几点:

1)已经完成单元的机械安装、电气接线和气路连接,并确保器件的动作准确无误。

2)单元运行功能与要求一致。

单元运行功能流程要求:

1)上电,系统处于停止状态下。停止指示灯亮,起动和复位指示灯灭。

2)在停止状态下,按下复位按钮,该单元复位,复位过程中,复位指示灯闪烁,所有机构回到初始位置。复位完成后,复位指示灯常亮,起动和停止指示灯灭。运行或复位状态下,按起动按钮无效。

3)在复位就绪状态下,按下起动按钮,单元起动,起动指示灯亮,停止和复位指示灯灭。

4)第一次按起动按钮,机器人搬运单元盒盖升降机构将物料盒物料盖升起。

5)挡料气缸伸出,物料盒升降机构的推料气缸将物料盒推出至装配台,推出到位后推料气缸收回,同时定位气缸缩回。

6)物料台检测传感器动作。

7)该单元上的机器人开始执行物料瓶搬运功能:机器人从检测分拣单元的出料位将物料瓶搬运到物料盒中,路径规划要合理,搬运过程中不得与任何机构发生碰撞,物料瓶搬运顺序如图4-15a所示。

① 机器人搬运完一个物料瓶后,若检测到检测分拣单元的出料位无物料瓶,则机器人回到原点位置等待,等出料位有物料瓶,再进行下一个抓取。

② 机器人搬运完一个物料瓶后,若检测到检测分拣单元的出料位有物料瓶等待抓取,则机器人无须回到原点位置,可直接进行抓取,提高效率。

8)物料盒中装满4个物料瓶后,机器人回到原点位置,即使检测到检测分拣单元的出料位有物料瓶,机器人也不再进行抓取。

9)第2次按起动按钮,机器人开始自动执行盒盖搬运功能:机器人从原点到物料盒位置,用吸盘将物料盒盖吸取并盖到物料盒上,路径规划合理,加盖过程中不得与任何机构发生碰撞,盖好后回到原点位置。

10)第3次按起动按钮,机器人开始自动执行标签搬运功能:机器人从原点到标签台位置,用吸盘依次将2个蓝色和2个白色标签吸取并贴到物料盒盖上,路径规划要合理,贴标过程中不得与任何机构发生碰撞,标签摆放以及吸取顺序如图4-15b所示。

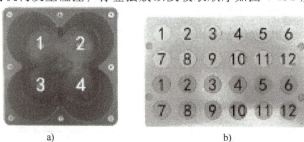

图4-15 物料瓶工位与标签摆放示意图

11)机器人每贴完一个标签,无须回到原点位置,贴满4个标签后回到原点位置。机器人贴标顺序如图4-16所示。

12)机器人贴完标签,定位气缸伸出,挡料气缸缩回,等待入库。

13)系统在运行状态按停止按钮,单元进入停止状态,即机器人停止运动,但机器人夹具要保持当前状态以避免物料掉落,而就绪状态下按此按钮无效。

2. 传感器原理及应用

1)本单元用到了两种类型传感器,它们的原理和应用有所不同。一种是 NPN 的反射型光电传感器,其结构原理如图4-17所示。这种传感器主要用于检测物体的有无。另一种是 NPN 型的磁性开关,其结构原理如图4-18所示。这种传感器主要用于检测气缸活动限位。

图 4-16 贴标工位示意图

2)不管哪种类型的传感器,按接线结构都可以分为两线式和三线式两种。图4-17的光电传感器是三线式的,图4-18的磁性开关是两线式的。图4-19为它们与PLC连接原理图。

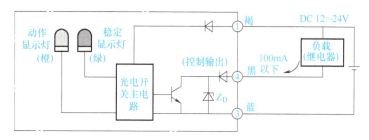

图 4-17 光电传感器结构原理图

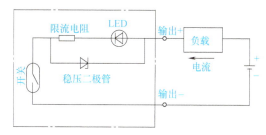

图 4-18 磁性开关结构原理图

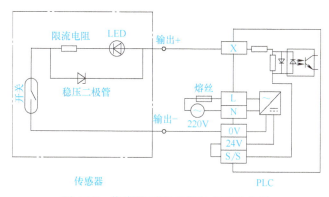

图 4-19 传感器/磁性开关与 PLC 的连接

◆ 任务实施过程卡

<table>
<tr><td colspan="5" align="center">工业机器人搬运单元的程序编写与调试过程卡</td></tr>
<tr><td>模块名称</td><td>工业机器人搬运单元的程序编写与调试</td><td>实施人</td><td colspan="2"></td></tr>
<tr><td>图纸编号</td><td></td><td>实施时间</td><td colspan="2"></td></tr>
<tr><td rowspan="10">系统 I/O 配置</td><td colspan="2">参数名称</td><td>对应功能</td><td>实施时间</td></tr>
<tr><td colspan="2">DI1 配置成 Stop</td><td></td><td></td></tr>
<tr><td colspan="2">DI3 配置成 Motors On</td><td></td><td></td></tr>
<tr><td colspan="2">DI4 配置成 Start At Main</td><td></td><td></td></tr>
<tr><td colspan="2">DI5 配置成 Reset Execution Error</td><td></td><td></td></tr>
<tr><td colspan="2">DI6 配置成 Motors Off</td><td></td><td></td></tr>
<tr><td colspan="2">DO1 配置成 Auto On</td><td></td><td></td></tr>
<tr><td colspan="2">DO3 配置成 Emergency Stop</td><td></td><td></td></tr>
<tr><td colspan="2">DO4 配置成 Execution Error</td><td></td><td></td></tr>
<tr><td colspan="2">DO5 配置成 Motor On</td><td></td><td></td></tr>
<tr><td rowspan="9">单机自动运行过程</td><td>DO6 配置成 Cycle On</td><td></td><td></td><td></td></tr>
<tr><td>功能要求</td><td>功能检查</td><td>实施</td><td>实施时间</td></tr>
<tr><td rowspan="7">物料瓶搬运功能:要求中间过程无任何碰撞现象</td><td>(1) 按复位按钮,机器人回到 pHome,要求在 pHome 点时夹具吸盘垂直朝上,夹爪朝下</td><td></td><td></td></tr>
<tr><td>(2)第一次按起动按钮,机器人开启物料瓶搬运功能,运行到 pQ1 点</td><td></td><td></td></tr>
<tr><td>(3)机器人运行到 pPickQ1 点,能够顺利抓取检测分拣单元主输送带末端的物料瓶</td><td></td><td></td></tr>
<tr><td>(4)机器人运行到 pQ2 点</td><td></td><td></td></tr>
<tr><td>(5)机器人运行到包装工位的物料盒位置 1,物料瓶顺利放入物料盒位置 1</td><td></td><td></td></tr>
<tr><td>(6)机器人回到 pHome</td><td></td><td></td></tr>
<tr><td>(7)重复第(3)~(6)步 3 次</td><td></td><td></td></tr>
</table>

（续）

	功能要求	功能检查	实施	实施时间
单机自动运行过程	盒盖搬运功能：要求中间过程无任何碰撞现象	（1）第2次按起动按钮，机器人开启盒盖搬运功能，运行到pQ4点		
		（2）机器人运行到pPickLid点，能够顺利吸取到物料盒盖		
		（3）机器人运行到pCoverLid点，盒盖顺利盖到物料盒上，无偏差		
		（4）机器人回到pHome点		
	标签搬运功能：要求中间过程无任何碰撞现象	（1）第3次按起动按钮，机器人开始标签搬运功能		
		（2）机器人运行到pBlackLabel点，能够顺利吸取到标签		
		（3）机器人运行到pQ5点		
		（4）机器人运行到pPasteLabel点，标签顺利吸附到物料盒标签位1上		
		（5）机器人回到pHome点		
		（6）重复第（2）~（6）步3次		

◆ 考核与评价

评分表 _____学年		工作形式 □个人 □小组分工 □小组	工作时间 _____ min	
任务	训练内容		配分	学生自评	教师评分
	准备工作:清除工作台上所有的工件及杂物,打开电源和气源(任何人工操作选手必须在评分教师的要求下进行),准备4个拧好瓶盖的物料瓶,蓝色标签12个(上面2行),白色标签12个(下面2行),底盒、盒盖各3个				
单元复位控制	(1)上电,设备自动处于复位状态	2		
	(2)系统处于停止状态下,按下复位按钮系统自动复位。其他运行状态下按此按钮无效	2		
	(3)操作面板和触摸屏上的复位指示灯闪亮显示,停止指示灯灭,起动指示灯灭	4		
	(4)所有部件回到初始位置	2		
	(5)复位灯(黄色灯)常亮,系统进入就绪状态	2		
机器人单元触摸屏	触摸屏界面上有无"工业机器人搬运单元界面"字样	2		
	触摸屏界面有无错别字,每错一个字扣0.5分,配分扣完为止	6		
	布局界面是否符合项目任务卡要求,不符合扣1分	4		
	14个指示灯(详见项目任务卡)全有且功能正确;一个指示缺失或功能不正确扣1分,配分扣完为止	8		
	12个按钮和1个开关全有且功能正确;一个按钮缺失或功能不正确扣1分,配分扣完为止	6		
单元自动控制	(6)第一次按起动按钮,机器人搬运单元盒盖升降机构将物料盒物料盖升起	4		
	(7)挡料气缸伸出,物料盒升降机构的推料气缸将物料盒推出至装配台,推出到位后推料气缸收回,同时定位气缸缩回	4		
	(8)该单元上的机器人开始执行物料瓶搬运功能:机器人从检测分拣单元的出料位将物料瓶搬运到物料盒中,路径规划要合理,搬运过程中不得与任何机构发生碰撞,出现设备碰撞、超出桌面范围、放瓶顺序不对不得分			
	①机器人搬运完1个物料瓶后,机器人回到原点位置等待;在出料位放物料瓶,按下触摸屏上物料瓶到位信号模拟按钮,机器人再进行抓取	4		
	②机器人搬运完一个物料瓶后,在出料位放物料瓶后立即按下触摸屏上物料瓶到位信号模拟按钮(代替检测分拣单元的出料检测传感器),则机器人无须再回到原点位置,可直接进行抓取,提高效率	6		
	③物料瓶搬运顺序正确	8		
	(9)物料盒中装满4个物料瓶后,机器人回到原点位置,即使按下触摸屏上物料瓶到位信号模拟按钮(代替检测分拣单元的出料检测传感器),机器人也不再进行抓取	8		
	(10)第2次按起动按钮,机器人开始自动执行盒盖搬运功能:机器人从起始点到物料盒盖位置,用吸盘将物料盒盖吸取并盖到物料盒上,路径规划要合理,加盖过程中不得与任何机构发生碰撞,盖好后回到原点位置	4		
	(11)第3次按起动按钮,机器人开始自动执行标签搬运功能:机器人从起始点到标签台位置,用吸盘依次将2个蓝色和2个白色标签吸取并贴到物料盒盖上,路径规划要合理,贴标过程中不得与任何机构发生碰撞	6		
	(12)机器人每贴完一个标签			
	①无须回到原点位置	2		
	②贴满4个标签后回到原点位置	2		
	③机器人贴标顺序正确	4		
	(13)机器人贴完标签,定位气缸伸出,挡料气缸缩回,等待入库	4		
单元停止控制	(14)系统在运行状态按停止按钮,单元进入停止状态,即机器人停止运动(3分),但机器人夹具要保持当前状态以避免物料掉落,而就绪状态下按此按钮无效(3分)	6		
	合计	100		

◆ **总结与提高**

任务完成后，学生根据任务实施情况，分析存在的问题和原因，填写分析表，指导教师对任务实施情况进行讲评。

任务实施过程	存在的问题	解决办法
工具使用		
识读图纸		
安装质量		
安全文明生产		

◆ **任务拓展**

1. PLSY 脉冲输出指令

由于继电器不适合高频率动作，只有晶体管输出型 PLC 才适合使用该指令。指令功能是由。D 指定的端口，以 S1 的频率，输出 S2 个脉冲，脉冲发送完毕，M8029 标志被置位。其中：D 为脉冲输出端口，H1U 机型可以指定 Y0/Y1/Y2；H2U 机型中 3624MT/2416MT 型只能指定 Y0 或 Y1，其他 MT 机型可以指定 Y0/Y1/Y2，而 MTQ 型则可指定 Y0/Y1/Y2/Y3/Y4。

S1 为设定的输出脉冲频率，对于 16bit 指令（PLSY），设定范围为 1~32767；对于 32bit 指令（DPLSY），设定范围为 1~100000（即 1Hz~100kHz）；在指令执行中可以改变 S1 的值。

S2 为设定的脉冲输出个数，对于 16bit 指令（PLSY），设定范围为 1~32767；对于 32bit 指令（DPLSY），设定范围 1~2147483647；当 S2 等于零时为发送不间断的无限个脉冲。指令时序举例，如图 4-20 所示。

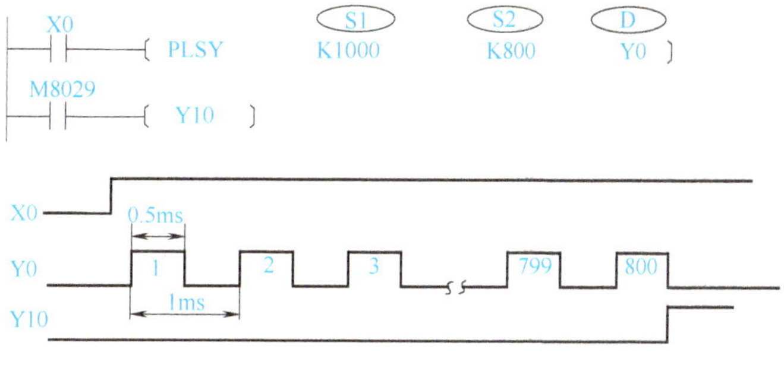

使用 PLSY（16bit 指令）时，S1 和 S2 都只能是 bit 宽度。

使用 DPLSY（32bit 指令）时，S1 和 S2 若为 D、C、T 变量，则按 32bit 宽度处理。

图 4-20 PLSY 脉冲输出指令时序举例

在新版本的 H2U 系列 PLC 中，PLSY 指令的功能有增强，可在 PLSY 指令运行中修改脉冲个数，或立即起动下条脉冲输出指令，或实现脉冲输出完成中断等增强功能。

2. 汇川 PLC 指令：PLSR 带加减速脉冲输出指令

该功能是指带加减功能的固定尺寸传送用脉冲输出指令。其中：

S1 为设定的输出脉冲的最高频率，设定范围为 10~100000Hz。

S2 为设定的输出脉冲数，16bit 指令时，设定范围为 110~32767；32bit 指令时，设定范围为 110~2147483647；设定的脉冲数小于 110 时，不能正常输出脉冲。

S3 为设定的加减速时间，范围为 50~5000ms，减速时间与加速时间相同，单位为 ms，设定时注意：H2U 系列 PLC 中减速时间可单独设定。

D 为脉冲输出端口，H1U 机型可以指定 Y0/Y1/Y2；H2U 机型中 3624MT/2416MT 型只能指定 Y0 或 Y1，1616MT/3232MT 型能指定 Y0/Y1/Y2，而 MTQ 型则可选 Y0/Y1/Y2/Y3/Y4。不要与 PLSY 指令的输出端口重复。

使用说明：本指令是以中断方式执行，不受扫描周期影响；当指令能流为 OFF 时，将减速停止；当能流由 OFF→ON 时，脉冲输出处理重新开始；在脉冲输出过程中，改变操作数，对本次输出没有影响，修改的内容在指令下次执行的时候生效。指令执行完毕，M8029 标志置为 ON；与 PWM 指令的输出端口号不能重复；再次起动 PLSR 指令时，需在上次脉冲输出操作结束（Y0 结束时，M8147 = 0；Y1 结束时，M8148 = 0；Y2 结束时，M8149 = 0；Y3 结束时，M8150 = 0；Y4 结束时，M8151 = 0）后，再延迟 1 个扫描周期，方可再起动本指令（在新版本的 H2U 系列 PLC 中通过设置可以不受此限制）。指令时序举例，如图 4-21 所示。

图 4-21 PLSR 脉冲输出指令时序举例

任务 4.5 工业机器人搬运单元的故障排除

◆ 工作任务卡

任务编号	4.5	任务名称	工业机器人搬运单元的故障排除
设备型号	THJDMT-5B	实施地点	
设备系统	汇川/三菱	实训学时	4 学时
参考文件		机电一体化智能实训平台使用手册	
工具、设备、耗材			

类别	名称	规格型号	数量	单位
工具	内六角扳手	组套，BS-C7	1	套
	螺钉旋具	一字槽螺钉旋具、十字槽螺钉旋具	各 1	把
	斜口钳	S044008	1	把
	刻度尺	得力钢尺 8462	1	把
设备	万用表	MY60	2	台
	线号管打印机	硕方线号机 TP70	2	台
	空气压缩机	JYK35-800W	1	台
耗材	气管	PU 软管，蓝色，6mm	5	m
	热缩管	1.5mm	1	m
	导线	0.75mm，黑	10	m
	接线端子	E-1008，黑	200	个

项目4 工业机器人搬运单元的安装与调试

（续）

1. 工作任务

机器人搬运单元已经组装完成，但是由于种种原因出现故障，不能正常运行。根据所学知识，查找故障，并将排除的操作步骤进行记录

例如故障现象：设备上电后，机器人不能起动

分析流程同项目1任务1.4

2. 工作准备

(1) 技术资料：工作任务卡1份，设备说明书

(2) 工作场地：有良好的照明、通风和消防设施等条件

(3) 工具、设备领取单

(4) 建议分组实施教学，每2~3人为一组，每组配备实训设备一台

(5) 实训防护：穿戴劳保用品、工作服和防静电鞋

◆ 知识链接

1. 步进电动机常见故障及原因

（1）电动机不运转　故障可能原因：驱动器无供电电压；驱动器熔丝熔断；驱动器报警（过电压、欠电压、过电流、过热）；驱动器与电动机连线断线；系统参数设置不当；驱动器使能信号被封锁；接口信号线接触不良；驱动器电路故障；电动机卡死或者出现故障；电动机生锈；指令脉冲太窄、频率过高、脉冲电平太低。

（2）电动机起动后堵转　故障可能原因：指令频率太高；负载转矩太大；加速时间太短；负载惯量太大；电源电压降低。

（3）电动机运转不均匀，有抖动　故障可能原因：指令脉冲不均匀；指令脉冲太窄；指令脉冲电平不正确；指令脉冲电平与驱动器不匹配；脉冲信号存在噪声；脉冲频率与机械发生共振。

（4）电动机定位不准　故障可能原因：加减速时间太小；存在干扰噪声；系统屏蔽不良。

（5）电动机过热　故障可能原因：工作环境过于恶劣，环境温度过高；参数选择不当，如电流过大，超过相电流；电压过高。

（6）工作过程中停车　故障可能原因：驱动电源故障；电动机线圈匝间短路或接地；绕组烧坏；脉冲发生电路故障；杂物卡住。

2. ABB机器人常见故障与解决

1）ABB机器人在开机时进入了系统故障状态应该如何处理？

① 重新起动一次机器人。

② 如果不行，在示教器查看是否有更详细的报警提示，并进行处理。

③ 如果未解除，则尝试 B 起动。

④ 如果未解除，请尝试 P 起动。

⑤ 如果未解除，请尝试 I 起动（这将使机器人回到出厂设置状态，小心）。

2）在什么情况下需要为机器人进行备份？如何进行备份？

① 新机器首次上电后；在做任何修改之前；在完成修改之后。

② 若机器人重要，需定期 1 周备份 1 次；最好在 U 盘也做备份；旧备份定期删除，腾出硬盘空间。

3）机器人备份可以多台机器人共用吗？

不能共用，比如机器人甲 A 的备份只能用于机器人甲，不能用于机器人乙或丙，因为这样会造成系统故障。

4）对于机器人备份中什么文件可以共享？

如果两个机器人是同一型号，同一配置。则可以共享 RAPID 程序和 EIO 文件，但共享后也要进行验证方可正常使用。

5）机器人出现报警提示信息 10106 维修时间提醒是什么意思？

这是 ABB 机器人智能周期保养维护提醒。

6）如何找到机器人的机械原点？设定错误有什么影响？

机器人 6 个伺服电动机都有一个固定的机械原点，可通过机器人 6 个关节的原点标记找到机械原点。错误地设定机器人机械原点将会造成机器人动作受限或误动作，无法走直线等问题，严重的会损坏机器人。

7）机器人 50204 动作监控报警如何解除？

① 修改机器人动作监控参数（在控制面板的动作监控菜单中）以匹配实际的情况。

② 用 AccSet 指令降低机器人加速度。

③ 减小速度数据中的 v_rot 选项。

8）机器人首次上电开机报警"50296，SMB 内存数据差异"怎么办？

① ABB 主菜单中选择校准。

② 单击"ROB_1"命令进入校准界面，选择"SMB 内存"选项。

③ 选择"高级"选项，进入后单击"清除控制柜内存"选项。

④ 完成后，单击"关闭"按钮，然后单击"更新"按钮。

⑤ 选择"已交换控制柜或机械手，使用 SMB 内存数据更新控制柜"选项。

9）如何在 RAPID 程序里自定义机器人轨迹运动的速度？

① 在示教器主菜单中选择程序数据。

② 找到数据类型 Speeddata 后，单击新建。

③ 单击初始值，Speeddata 4 个变量含义分别为：v_tcp 表示机器人线性运行速度；v_rot 表示机器人旋转运行速度；v_leax 表示外加轴线性运行速度；v_reax 表示外加轴旋转运行速度。如果没有外加轴则后两个不用修改。

④ 自定义好的数据就可在 RAPID 程序中进行调用。

◆ 任务实施过程卡

<table>
<tr><td colspan="5">工业机器人搬运单元的故障排除过程卡</td></tr>
<tr><td>模块名称</td><td>工业机器人搬运单元的故障排除</td><td>实施人</td><td colspan="2"></td></tr>
<tr><td>图纸编号</td><td></td><td>实施时间</td><td colspan="2"></td></tr>
<tr><td>工作步骤</td><td>故障现象</td><td>故障分析</td><td>故障排除</td><td>计划用时</td></tr>
<tr><td rowspan="3">设定故障</td><td>设备上电后,机器人不能起动</td><td></td><td></td><td></td></tr>
<tr><td>设备上电后,升降台步进电动机不动作</td><td></td><td></td><td></td></tr>
<tr><td>机器人运动过程中,出现报警错误</td><td></td><td></td><td></td></tr>
<tr><td rowspan="9">其他运行故障</td><td></td><td></td><td></td><td></td></tr>
<tr><td></td><td></td><td></td><td></td></tr>
<tr><td></td><td></td><td></td><td></td></tr>
<tr><td></td><td></td><td></td><td></td></tr>
<tr><td></td><td></td><td></td><td></td></tr>
<tr><td></td><td></td><td></td><td></td></tr>
<tr><td></td><td></td><td></td><td></td></tr>
<tr><td></td><td></td><td></td><td></td></tr>
<tr><td></td><td></td><td></td><td></td></tr>
<tr><td>编制人</td><td></td><td>审核人</td><td></td><td>第　　页</td></tr>
</table>

◆ 考核与评价

<table>
<tr><td colspan="3">评分表
＿＿＿＿学年</td><td colspan="2">工作形式
□个人 □小组分工 □小组</td><td colspan="2">工作时间
＿＿＿＿min</td></tr>
<tr><td>任务</td><td colspan="2">训练内容</td><td colspan="2">训练要求</td><td>学生自评</td><td>教师评分</td></tr>
<tr><td>工具使用</td><td colspan="2">正确使用工具(10分)</td><td colspan="2">使用工具不正确,扣10分</td><td></td><td></td></tr>
<tr><td>方法使用</td><td colspan="2">正确使用方法(30分)</td><td colspan="2">1. 不会直观观察,扣10分
2. 不会电压法,扣10分
3. 不会电流法,扣10分</td><td></td><td></td></tr>
<tr><td>排除故障思路</td><td colspan="2">思路清晰(30分)</td><td colspan="2">1. 排除故障思路不清晰,扣10分
2. 故障范围扩大,扣20分</td><td></td><td></td></tr>
<tr><td>故障排除</td><td colspan="2">正确排除故障(20分)</td><td colspan="2">只能找到故障,不能排除故障或排除方法不对,扣20分</td><td></td><td></td></tr>
<tr><td>安全文明生产</td><td colspan="2">劳动保护用品穿戴整齐,遵守操作规程,讲文明礼貌,操作结束要清理现场(10分)</td><td colspan="2">1. 操作中,违反安全文明生产考核要求的任何一项,扣5分,配分扣完为止
2. 当发现学生有重大事故隐患时,要立即予以制止,并扣5分</td><td></td><td></td></tr>
<tr><td colspan="5">合计</td><td></td><td></td></tr>
</table>

◆ **总结与提高**

任务完成后,学生根据任务实施情况,分析存在的问题和原因,填写分析表,指导教师对任务实施情况进行讲评。

任务实施过程	存在的问题	解决办法
工具使用		
识读图纸		
安装质量		
安全文明生产		

◆ **任务拓展**

机器人搬运单元常见故障分析与排查见表 4-3,教师可根据表中要求设置故障,要求学生编写排故流程图,指导学生独立排故。

表 4-3　机器人搬运单元常见故障分析与排查

序号	故障现象	故障分析	故障排除
1	设备不能正常上电		
2	上电后,按钮板指示灯不亮		
3	PLC 上电后,指示红灯闪烁		
4	PLC 提示"参数错误"		
5	PLC 提示"通信错误"		
6	传感器对应的 PLC 输入点没输入		
7	PLC 输出点没有动作		
8	上电,机器人报警		
9	机器人不能起动		
10	机器人起动就报警		
11	机器人运动过程中报警		
12	步进驱动器的电源指示灯不亮		
13	步进电动机不动作		
14	步进电动机只能单方向运动		

项目 5　智能仓储单元的安装与调试

【项目情境】

智能仓储单元（见图 5-1）控制挂板的安装与接线已经完成，现需要利用客户采购回来的器件及材料，完成智能仓储单元模型机构组装，并在该站型材桌面上安装机构模块、接气管，保证模型机构能够正确运行，系统符合专业技术规范。按任务要求在规定时间内完成本自动线的装调，以便自动线后期能够实现生产过程自动化。

图 5-1　智能仓储单元整机图

【项目目标】

知识目标	1. 了解智能仓储单元的安装、运行过程
	2. 熟悉伺服电动机和驱动器的选用、工作原理和接线
	3. 熟悉生产线中典型气动元件的选用和工作原理
	4. 掌握本单元控制电路的工作原理及常见故障分析及检修
	5. 了解现场管理知识、安全规范及产品检验规范
技能目标	1. 能对本单元电气元件(伺服电动机、伺服驱动器)进行单点故障分析和排查
	2. 能够对智能仓储单元自动化控制要求进行分析，提出自动线 PLC 编程解决方案，会开展自动运行的组态设计、调试工作

(续)

素质目标	1. 通过对机电一体化设备设计和故障排查,培养解决困难的耐心和决心,遵守工程项目实施的客观规律,培养严谨科学的学习态度 2. 通过小组实施分工,具备良好的团队协作和组织协调能力,培养工作实践中的团队精神,通过按照自动化国家标准和行业规范,开展任务实施,培养学生质量意识、绿色环保意识、安全用电意识 3. 通过实训室 6S 管理,培养学生的职业素养

任务 5.1 智能仓储单元的机械构件组装与调整

◆ 工作任务卡

任务编号	5.1	任务名称	智能仓储单元的机械构件组装与调整
设备型号	THJDMT-5B	实施地点	
设备系统	汇川/三菱	实训学时	4 学时
参考文件		机电一体化智能实训平台使用手册	

工具、设备、耗材

类别	名称	规格型号	数量	单位
工具	内六角扳手	组套,BS-C7	1	套
	螺钉旋具	一字槽螺钉旋具、十字槽螺钉旋具	各 1	把
	斜口钳	S044008	1	把
	刻度尺	得力钢尺 8462	1	把
	万用表	MY60	2	台
设备	线号管打印机	硕方线号机 TP70	2	台
	空气压缩机	JYK35-800W	1	台
耗材	气管	PU 软管,蓝色,6mm	5	m
	热缩管	1.5mm	1	m
	导线	0.75mm,黑	10	m
	接线端子	E-1008,黑	200	个

1. 工作任务

请根据图纸资料,完成智能仓储单元的垛机模块、立体仓库 A 模块、立体仓库 B 模块器件安装和气路连接,并根据各机构间的相对位置将其安装在本单元的工作台上

图 示	说明
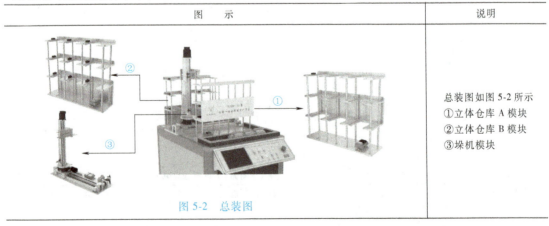	总装图如图 5-2 所示 ①立体仓库 A 模块 ②立体仓库 B 模块 ③垛机模块

图 5-2 总装图

(续)

图 示	说 明
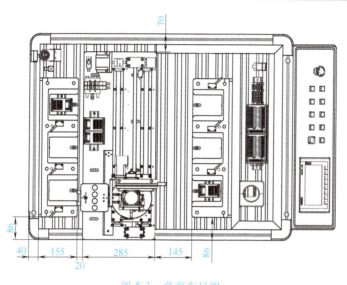 图 5-3 桌面布局图	按如图 5-3 所示的布局,将组装好的垛机模块、立体仓库 A 模块、立体仓库 B 模块按照合适的位置安装到型材板上,组成智能仓储单元的机械结构
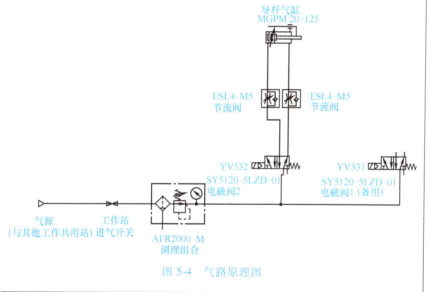 图 5-4 气路原理图	智能仓储单元气路原理图,如图 5-4 所示

2. 工作准备

(1) 技术资料:工作任务卡 1 份,设备说明书

(2) 工作场地:有良好的照明、通风和消防设施等条件

(3) 工具、设备领取单

(4) 建议分组实施教学,每 2~3 人为一组,每组配备实训设备一台

(5) 实训防护:穿戴劳保用品、工作服和防静电鞋

◆ **知识链接**

智能仓储单元机械安装

智能仓储单元各模块的安装步骤,见表 5-1。

表 5-1 智能仓储单元各模块的安装步骤

模块名称	模块效果图	注意事项
立体仓库 A 模块		注意装配过程中水平放置
立体仓库 B 模块		
垛机模块		

◆ 任务实施过程卡

智能仓储单元的机械构件组装与调整过程卡

模块名称	智能仓储单元的机械构件组装与调整		实施人		
图纸编号			实施时间		
工作步骤	所需零件名称		数量	所需工具	计划用时
立体仓库 A 模块					
立体仓库 B 模块					
垛机模块					
气路安装					
编制人			审核人		第　页

◆ 考核与评价

任务		评分表 _____学年		工作形式 □个人 □小组分工 □小组		工作时间 _____ min
任务		训练内容		配分	学生自评	教师评分
智能仓储单元的机械构件组装与调整	垛机模块安装	主轴安装牢固	螺钉安装不牢固,每个扣0.1分,配分扣完为止	10		
			GTH6A-BC-300模组安装不牢固,扣1分	10		
		拖链松紧合适	拖链太松或太紧,扣1分	10		
			同步轮和从动轮位置安装错误,扣1分	10		
		伺服电动机和步进安装正确	伺服电动机与步进电动机安装不牢固,扣1分	10		
			伺服电动机与步进电动机不能正常工作,扣1分	10		
	立体仓库模块安装	模块安装牢固	螺钉安装不牢固,每个扣0.1分,配分扣完为止	5		
		货架安装	货架层板有松动,扣1分	2		
			货架层板没有水平,扣1分	10		
		传感器安装	传感器安装不牢固,每个扣0.5分	10		
			传感器安装不全,每个扣1分	2		
	货架叉板装置安装	装置安装牢固	螺钉安装不牢固,每个扣0.1分,扣完为止	5		
		气路安装不漏气	气缸定位安装不牢固,每处扣1分	2		
			气路漏气,每处扣0.1分,扣完为止	4		
		合计		100		

◆ 总结与提高

任务完成后,学生根据任务实施情况,分析存在的问题和原因,填写分析表,指导教师对任务实施情况进行讲评。

任务实施过程	存在的问题	解决办法
工具使用		
识读图纸		
安装质量		
安全文明生产		

◆ 任务拓展

为提高入仓效率,重新设计吸料装置,如图5-5所示,实现每个仓位可以独立吸取物料盒。

项目5 智能仓储单元的安装与调试　123

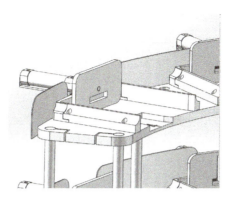

图 5-5　每个仓位的吸料装置

任务 5.2　智能仓储单元电路的电气连接与调试

◆ 工作任务卡

任务编号	5.2	任务名称	智能仓储单元电路的电气连接与调试
设备型号	THJDMT-5B	实施地点	
设备系统	汇川/三菱	实训学时	4 学时
参考文件		机电一体化智能实训平台使用手册	

工具、设备、耗材

类别	名称	规格型号	数量	单位
工具	内六角扳手	组套,BS-C7	1	套
	螺钉旋具	一字槽螺钉旋具、十字槽螺钉旋具	各1	把
	斜口钳	S044008	1	把
	刻度尺	得力钢尺 8462	1	把
设备	万用表	MY60	2	台
	线号管打印机	硕方线号机 TP70	2	台
	空气压缩机	JYK35-800W	1	台
耗材	气管	PU 软管,蓝色,6mm	5	m
	热缩管	1.5mm	1	m
	导线	0.75mm,黑	10	m
	接线端子	E-1008,黑	200	个

1. 工作任务

请完成该单元中如下连接与调试：
(1) 各接线端子电路的连接
(2) 传感器元件电路连接与调试
(3) 步进电动机驱动器的接线、参数设置与调试
(4) 伺服电动机驱动器的接线、参数设置与调试

(续)

图示	说明
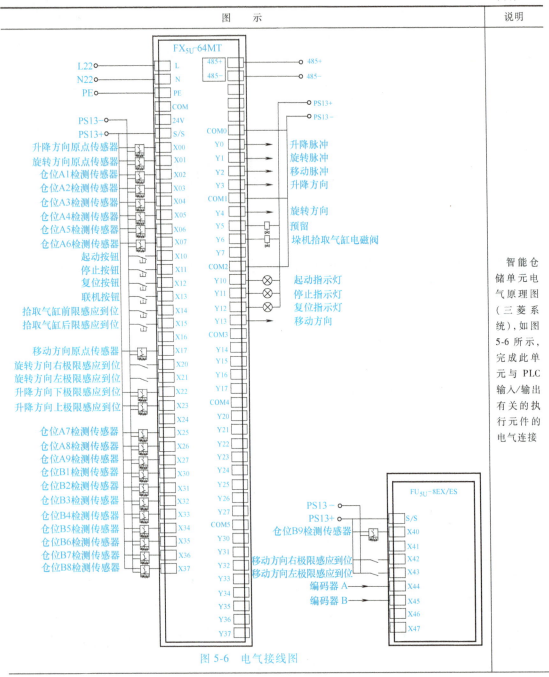 图 5-6 电气接线图	智能仓储单元电气原理图（三菱系统），如图 5-6 所示，完成此单元与 PLC 输入/输出有关的执行元件的电气连接

2. 工作准备

(1) 技术资料：工作任务卡 1 份，设备说明书
(2) 工作场地：有良好的照明、通风和消防设施等条件
(3) 工具、设备领取单
(4) 建议分组实施教学，每 2~3 人为一组，每组配备实训设备一台
(5) 实训防护：穿戴劳保用品、工作服和防静电鞋

◆ 知识链接

1. 永磁式同步伺服电动机及其控制方式

智能仓储单元使用两个型号为 HF-KN-13J-S100 的伺服电动机。高性能的伺服系统大多采用永磁同步型交流伺服电动机，控制驱动器多采用快速、准确定位的全数字位置伺服系统。

（1）永磁式同步伺服电动机的基本结构　永磁式同步交流伺服电动机在结构上由定子和转子两部分组成。图 5-7 为永磁式同步伺服电动机外观示意图和剖视图，其定子为硅钢片叠成的铁心和三相绕组，转子是由高矫顽力稀土磁性材料制成的磁极。为了检测转子磁极的位置，在电动机非负载端的端盖外面还安装上光电编码器。

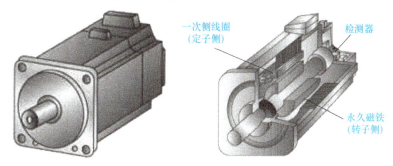

图 5-7　永磁式同步伺服电动机

（2）了解伺服电动机的控制原理　图 5-8 所示为两极永磁式同步电动机工作原理图，当定子绕组通交流电源后，产生一旋转磁场，在图中以一对旋转磁极 N、S 表示。当定子磁场以同步转速 n_1 逆时针方向旋转时，根据异性相吸的原理，定子旋转磁极就吸引转子磁极，带动转子一起旋转，转子的旋转速度与定子磁场的旋转速度（同步转速 n_1）相等。

当电动机转子上的负载转矩增大时，定、转子磁极轴线间的夹角 θ 就相应增大，导致穿过各定子绕组平面法线方向的磁通量减少，定子绕组感应电动势随之减小，而使定子电流增大，直到恢复电源电压与定子绕组感应电动势的平衡。这时电磁转矩也相应增大，最后达到新的稳定状态，定、转子磁极轴线间的夹角 θ 称为功率角。虽然夹角 θ 会随负载的变化而改变，但只要负载不超过某一极限，转子就始终跟着定子旋转磁场以同步转速 n_1 转动，即转子的转速为

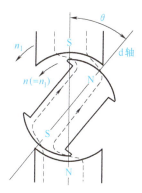

图 5-8　两极永磁式同步电动机的工作原理

$$n = n_1 = \frac{60f_1}{p}$$

电磁转矩与定子电流大小的关系并不是一个线性关系。事实上，只有定子旋转磁极对转子磁极的切向吸力才能产生带动转子旋转的电磁力矩。因此，可把定子电流所产生的磁势分解为两个方向的分量，沿着转子磁极方向的为直轴（或称 d 轴）分量，与转子磁极方向正交的为交轴（或称 q 轴）分量。显然，只有 q 轴分量才能产生电磁转矩。

由此可见，不能简单地通过调节定子电流来控制电磁转矩，而是要根据定、转子磁极轴

线间的夹角 θ 确定定子电流磁势的 q 轴和 d 轴分量的方向和幅值，进而分别对 q 轴分量和 d 轴分量加以控制，才能实现电磁转矩的控制。这种按励磁磁场方向对定子电流磁势定向再进行控制的方法称为"磁场定向"的矢量控制。

图 5-9 为永磁同步伺服电动机矢量控制的结构图。该系统采用 DSP（数字信号处理器）作为信号处理器，用伺服电动机内置的旋转编码器和电流传感器提供反馈信号，智能功率模块 IPM 作为逆变器。由传感器出来的信号经过处理后反馈给 DSP，经过 DSP 对给定信号和反馈信号的运算处理来调节伺服系统的电流环、速度环和位置环的控制变量，最后输出 SPWM 信号，驱动 IPM 模块实现对永磁同步伺服电动机的控制。

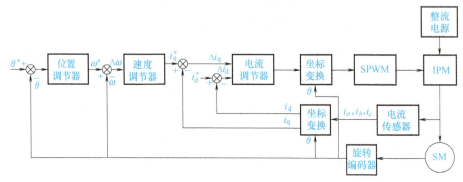

图 5-9　永磁同步伺服电动机矢量控制结构图

显然，这是一个三环控制系统，位置控制是外环，速度控制是中环，电流控制是内环。矢量控制通过控制转子 q、d 轴坐标系电流 i_q、i_d 等效控制电枢三相电流。由电动机非负载轴端安装的编码器检测转子磁极位置，不断得到位置角 θ，就能够进行实时的坐标变换，变换后的电流对 IPM 逆变器进行控制，使电动机运行。

在矢量控制中，定子磁势的 q 轴分量与励磁磁场正交，使得电磁转矩与 I_q 间存在线性关系。因此，矢量控制实际上把永磁式同步伺服电动机模拟为一台他励的直流电动机，获得与直流电动机相同的调速特性。而永磁同步伺服电动机与有换向器的直流伺服电动机比较，因具有无电刷和换向器而工作可靠，对维护和保养要求低；定子绕组散热比较方便；惯量小，易于提高系统的快速性；适应于高速大力矩工作状态以及同功率下有较小的体积和重量等一系列优点。

2. 伺服驱动器介绍

（1）伺服驱动器基本介绍　伺服驱动器（Servo Drives）又称为"伺服控制器""伺服放大器"，是用来控制伺服电机的一种控制器，其作用类似于变频器作用于普通交流马达，属于伺服系统的一部分，主要应用于高精度的定位系统。一般是通过位置、速度和力矩三种方式对伺服电动机进行控制，实现高精度的传动系统定位，是传动技术的高端产品。

（2）伺服调速原理

① 主流的伺服驱动器均采用数字信号处理器（DSP）作为控制核心，可以实现比较复杂的控制算法，实现数字化、网络化和智能化。功率器件普遍采用以智能功率模块（IPM）为核心设计的驱动电路，IPM 内部集成了驱动电路，同时具有过电压、过电流、过热、欠电压等故障检测保护电路，在主回路中还加入软起动电路，以减小起动过程对驱动器的冲击。功率驱动单元首先通过三相全桥整流电路对输入的三相电或者市电进行整流，得到相应的直

流电，经过整流好的三相电或市电，再通过三相正弦 PWM 电压型逆变器变频来驱动三相永磁式同步交流伺服电动机。功率驱动单元的整个过程简单地说就是 AC-DC-AC 的过程。整流单元（AC-DC）主要的拓扑电路是三相全桥不控整流电路。

② 随着伺服系统的大规模应用，伺服驱动器使用、伺服驱动器调试、伺服驱动器维修都是伺服驱动器在当今比较重要的技术课题，越来越多工控技术服务商对伺服驱动器进行了深层次技术研究。

③ 伺服驱动器是现代运动控制的重要组成部分，被广泛应用于工业机器人及数控加工中心等自动化设备中。尤其是应用于控制交流永磁同步电动机的伺服驱动器已经成为国内外研究热点。当前交流伺服驱动器设计中普遍采用基于矢量控制的电流、速度、位置三闭环控制算法。此算法中速度闭环设计合理与否，对于整个伺服控制系统，特别是速度控制性能的发挥起到关键作用。

（3）伺服驱动器型号　本设备使用的伺服驱动器三菱 MR-JE-10A 型号，如图 5-10 所示。

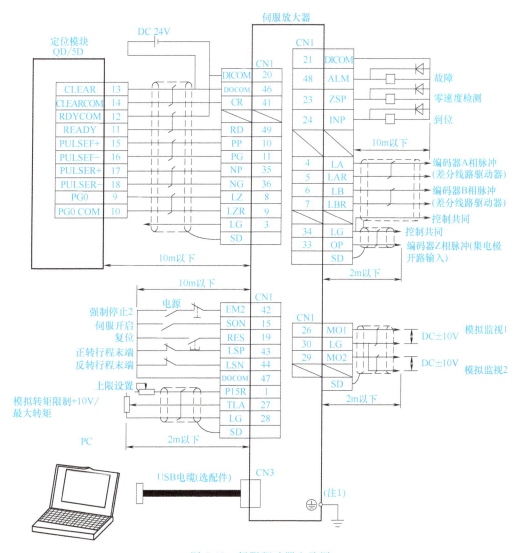

图 5-10　伺服驱动器电路图

◆ 任务实施过程卡

<table>
<tr><td colspan="5" align="center">智能仓储单元电路的电气连接与调试过程卡</td></tr>
<tr><td>模块名称</td><td>智能仓储单元电路的电气连接与调试</td><td>实施人</td><td colspan="2"></td></tr>
<tr><td>图纸编号</td><td></td><td>实施时间</td><td colspan="2"></td></tr>
<tr><td>工作步骤</td><td>所需零件名称</td><td>数量</td><td>所需工具</td><td>计划用时</td></tr>
<tr><td rowspan="4">端子板连接</td><td></td><td></td><td></td><td></td></tr>
<tr><td></td><td></td><td></td><td></td></tr>
<tr><td></td><td></td><td></td><td></td></tr>
<tr><td></td><td></td><td></td><td></td></tr>
<tr><td rowspan="4">电气元件接线</td><td></td><td></td><td></td><td></td></tr>
<tr><td></td><td></td><td></td><td></td></tr>
<tr><td></td><td></td><td></td><td></td></tr>
<tr><td></td><td></td><td></td><td></td></tr>
<tr><td rowspan="4">伺服驱动器的接线、参数设置与指令</td><td></td><td></td><td></td><td></td></tr>
<tr><td></td><td></td><td></td><td></td></tr>
<tr><td></td><td></td><td></td><td></td></tr>
<tr><td></td><td></td><td></td><td></td></tr>
<tr><td>编制人</td><td></td><td>审核人</td><td></td><td>第　页</td></tr>
</table>

◆ 考核与评价

<table>
<tr><td colspan="2" align="center">评分表
_____学年</td><td colspan="2" align="center">工作形式
□个人 □小组分工 □小组</td><td colspan="2" align="center">工作时间
_____min</td></tr>
<tr><td>任务</td><td colspan="3">训练内容</td><td>配分</td><td>学生自评</td><td>教师评分</td></tr>
<tr><td rowspan="9">智能仓储单元电路的电气连接与调试</td><td colspan="3">伺服电动机运行正常;步进电动机运行正常,若不能运行,扣2分</td><td>10</td><td></td><td></td></tr>
<tr><td colspan="3">导线进入行线槽,每个进线口不得超过2根导线,每处1分,配分扣完为止</td><td>15</td><td></td><td></td></tr>
<tr><td colspan="3">每根导线对应一位接线端子,并将接线端子压牢,不合格每处扣0.1分,配分扣完为止</td><td>10</td><td></td><td></td></tr>
<tr><td colspan="3">端子进线部分,每根导线必须套用号码管,不合格每处扣0.1分,配分扣完为止</td><td>15</td><td></td><td></td></tr>
<tr><td colspan="3">每个号码管必须进行正确编号,不正确每处扣0.1分,配分扣完为止</td><td>10</td><td></td><td></td></tr>
<tr><td colspan="3">扎带捆扎间距为50~80mm,且同一电路上捆扎间隔相同,不合格每处扣0.1分,配分扣完为止</td><td>10</td><td></td><td></td></tr>
<tr><td colspan="3">绑扎带切割不能留余太长,必须小于1mm且不割手,若不符合要求,每处扣0.1分,配分扣完为止</td><td>10</td><td></td><td></td></tr>
<tr><td colspan="3">接线端子金属裸露不超过2mm,不合格每处扣0.1分,配分扣完为止</td><td>10</td><td></td><td></td></tr>
<tr><td colspan="3">非同一个活动机构的气路、电路捆扎在一起,每处扣0.1分,配分扣完为止</td><td>10</td><td></td><td></td></tr>
<tr><td colspan="4" align="center">合计</td><td>100</td><td></td><td></td></tr>
</table>

◆ 总结与提高

任务完成后，学生根据任务实施情况，分析存在的问题和原因，填写分析表，指导教师对任务实施情况进行讲评。

任务实施过程	存在的问题	解决办法
工具使用		
识读图纸		
安装质量		
安全文明生产		

◆ 任务拓展

智能仓储单元中应用了两套伺服系统，分别控制垛料机构的左右旋转及上下升降动作，该伺服系统主要由伺服驱动器和伺服电动机两部分组成。

任务5.3　智能仓储单元的程序编写与调试

◆ 工作任务卡

任务编号	5.3	任务名称	智能仓储单元的程序编写与调试
设备型号	THJDMT-5B	实施地点	
设备系统	汇川/三菱	实训学时	4学时
参考文件	机电一体化智能实训平台使用手册		

工具、设备、耗材					
类别	名称	规格型号	数量	单位
工具	内六角扳手	组套,BS-C7	1	套
	螺钉旋具	一字槽螺钉旋具、十字槽螺钉旋具	各1	把
	斜口钳	S044008	1	把
	刻度尺	得力钢尺 8462	1	把
	万用表	MY60	2	台
设备	线号管打印机	硕方线号机 TP70	2	台
	空气压缩机	JYK35-800W	1	台
耗材	气管	PU 软管,蓝色,6mm	5	m
	热缩管	1.5mm	1	
	导线	0.75mm,黑	10	m
	接线端子	E-1008,黑	200	个

1. 工作任务

完成智能仓储单元PLC控制程序设计，并进行单机调试，保证能够进行正确运行，以便自动线后期能够实现生产过程自动化

（续）

图 示	说 明
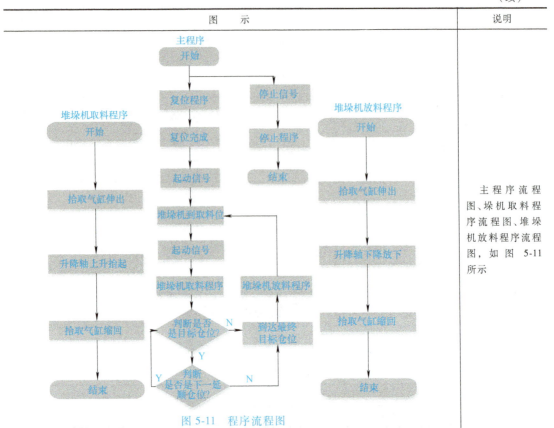 图 5-11　程序流程图	主程序流程图、垛机取料程序流程图、堆垛机放料程序流程图，如图 5-11 所示
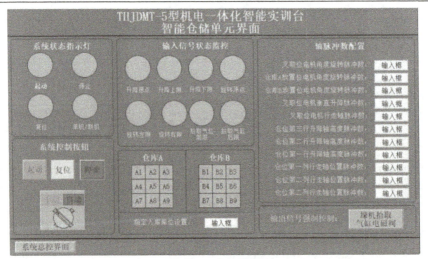 图 5-12　人机界面	智能仓储单元组态界面，如图 5-12 所示
2. 工作准备	
(1) 技术资料：工作任务卡 1 份，设备说明书 (2) 工作场地：有良好的照明、通风和消防设施等条件 (3) 工具、设备领取单 (4) 建议分组实施教学，每 2~3 人为一组，每组配备实训设备一台 (5) 实训防护：穿戴劳保用品、工作服和防静电鞋	

◆ 知识链接

1. 信息收集

在任务完成时,需要检查确认以下几点:已经完成单元的机械安装、电气接线和气路连接,并确保器件的动作准确无误。

完成控制程序设计,单元运行功能流程要求:

1)上电,系统处于停止状态下,停止指示灯亮,起动和复位指示灯灭。

2)在停止状态下,按下复位按钮,该单元复位,复位过程中,"复位"指示灯闪烁,所有机构回到初始位置。复位完成后,复位指示灯常亮,起动和停止指示灯灭。运行或复位状态下,按起动按钮无效。

3)在复位就绪状态下,按下起动按钮,单元起动,起动指示灯亮,停止和复位指示灯灭。

4)第 1 次按起动按钮,垛机起动运行,运行到包装工作台位置等待。

5)第 2 次按起动按钮,垛机拾取气缸伸出到位。

6)垛机向上提升合适的高度后,拾取气缸收回。

7)垛机旋转到 B1 号仓储位,旋转过程中,物料盒不允许与包装工作台或智能仓库发生任何摩擦或碰撞。

8)如果当前仓位有物料盒存在,垛机旋转到 B4 号仓储位,按照 B1、B4、B7、B2、B5、B8、B3、B6、B9 顺序依次类推。

9)如果当前仓位空,则垛机拾取气缸伸出,气缸伸出到位后,垛机向下降低合适高度后,拾取气缸收回,物料盒不允许与智能仓库发生碰撞或出现放偏现象。

10)垛机回到包装工作台位置。

11)再放一个物料盒到机器人单元的包装工作台上,本单元将重复第 5)到第 9)步骤,物料盒将依次按顺序被送往相应仓位的空位中。

12)在任何起动运行状态下,按下停止按钮,该单元立即停止,所有机构不工作,停止指示灯亮,起动和复位指示灯灭。

2. 增量式光电编码器

智能仓储单元使用 1 个增量式光电编码器。增量式光电编码器原理示意图如图 5-13 所示,其结构是由光栅盘和光电检测装置组成。光栅盘是在一定直径的圆板上等分地开通若干个长方形狭缝,数量从几百到几千不等。由于光电码盘与电动机同轴,电动机旋转时,光

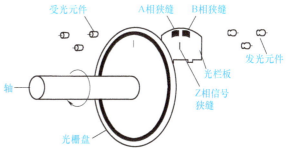

图 5-13 增量式光电编码器原理示意图

栅盘与电动机同速旋转,发光元件发出的光线,透过光栅盘和光栏板狭缝形成忽明忽暗的光信号,受光元件把此光信号转换成电脉冲信号,因此,根据脉冲信号数量,便可推知转轴转动的角位移数值。

为了获得编码盘所处的绝对位置,还必须设置一个基准点,即起始零点(Zero Point),为此在光栅盘边缘光槽内圈还设置了一个零位标志光槽。当光栅盘旋转一圈,光线只有

一次通过零位标志光槽射到受光元件上,并产生一个脉冲,此脉冲即可作为起始零点信号。

增量式光电编码器的光栅盘条纹数决定了传感器的最小分辨角度,即分辨角 $\alpha = 360°/$ 条纹数。例如,若条纹数为 500 线,则分辨角 $\alpha = 360°/500 = 0.72°$。为了提供旋转方向的信息,光栏板上设置了两个狭缝,A 相狭缝与 A 相发光元件、受光元件对应,B 相狭缝与 B 相发光元件、受光元件对应。若两狭缝的间距为光栅间距 T 的 $(m+1/4)$ 倍(m 为正整数),则 A 和 B 两个脉冲列在相位上相差 $T/4$($90°$)。当 A 相脉冲超前 B 相时为正转方向,而当 B 相脉冲超前 A 相时则为反转方向。

A、B 和 Z 相受光元件转换成的电脉冲信号经整形电路后,输出波形如图 5-14 所示。

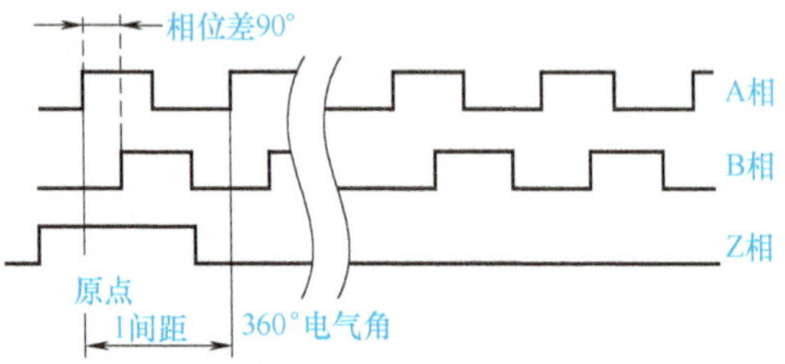

由此可见,增量式光电编码器输出"电脉冲"表征位置、角度和转向信息。一圈内的脉冲数代表了角位移的精度即分辨率,分辨率越高其精度也越高。因此在高速、高精度的驱动控制系统中(如数控机床、机器人、自动生产线中)获得广泛的应用。

图 5-14 增量式编码器输出的三组方波脉冲

3. MCGS 脚本程序的应用

在 MCGS 嵌入版中,脚本语言是一种语法上类似 Basic 的编程语言,它被封装在一个功能构件里(称为脚本程序功能构件),在后台由独立的线程来运行和处理。在工程组态中,可以应用在运行策略中,把整个脚本程序作为一个策略功能块执行,也可以在动画界面的事件中执行。MCGS 嵌入版引入事件驱动机制,当窗口中的控件有鼠标单击、键盘按键等事件发生时,就会触发一个脚本程序,执行脚本程序中的操作。

当通过常规组态方法难以实现时,使用脚本语言,能够增强灵活性,解决其常规组态方法难以解决的问题。例如,在上面的示例中,如果把工作任务改为组态一个按键开关和两个带灯的圆形自复位按钮(即上例中,绿色构件为按键开关,红色和黄色两个构件为自复位按钮),由于自复位按钮仅在外部作用下"按下",外部作用消失后自动返回"抬起"状态。而构件的输入/输出属性只有"按钮动作",无法区分抬起和按下两种状态,故对其进行属性设置时就不能达到设计意图,为此可首先取消"按钮动作"的勾选,然后采用构件的事件组态。

以红色按钮为例,对其进行右击,在弹出的右键菜单中有"事件"选项,单击后可打开"事件组态"窗口,如图 5-15 所示。

图中的"事件组态"窗口,有"Click"等 8 个选项,本构件的只须考虑"MouseDown"(鼠标按下)和"MouseUp"(鼠标抬起)事件,以鼠标按下事件为例的组态步骤说明如下:

1)在图 5-16a 中单击"MouseDown"选项,选取鼠标按下事件,再双击该选项,弹出"事件参数连接组态"窗口。

2)在所弹出的"事件参数连接组态"窗口中,单击"事件连接脚本"按钮,如图 5-16b 所示。

3)在弹出的脚本程序界面的代码框内输入"M1 = 1"后,单击"确定"按钮,返回"事件参数连接组态"窗口,完成鼠标按下事件组态。

项目5 智能仓储单元的安装与调试

 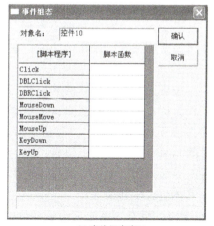

a) 右键菜单　　　　　　　　　　　　　b) 事件组态窗口

图 5-15　事件组态

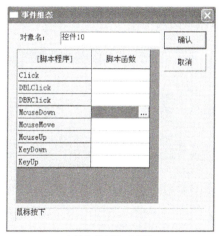 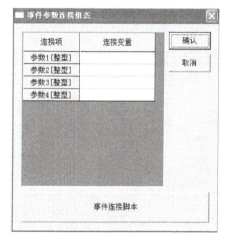

a) 选取鼠标按下事件　　　　　　　　　b) 选取事件连接脚本

图 5-16　按钮构件的按下事件组态

鼠标抬起事件组态的操作过程与鼠标按下事件组态相同，只是脚本程序代码改为"M1=0"。事件组态完成后，再进行模拟测试，可以看到，红色和黄色的按钮将具有自复位功能。

4. 运行策略的应用

（1）MCGS 嵌入版的运行策略　运行策略是 MCGS 嵌入版的五大功能模块之一。引入的目的，是使用户在复杂工程组态中，通过对运行策略的组态生成一系列的功能块，实现对系统运行流程的自由控制。根据运行策略的不同作用和功能，MCGS 嵌入版把运行策略分为起动策略、退出策略、循环策略、用户策略、报警策略、事件策略、热键策略及中断策略八种。

每种策略都由一系列功能模块组成。这些功能模块都是一行"条件—功能"实体，称为策略行，其中条件部分为策略条件部件，功能部分则为策略构件。MCGS 嵌入版提供了策略工具箱，一般情况下，用户只需从工具箱中选用标准构件，配置到"策略组态"窗口内，即可创建用户所需的策略块。

（2）一个简单的循环策略组态示例　动画动作的模拟测试可采取在运行策略中模拟对象值的变化等方法来实现，换句话说，就是在运行策略中模拟 PLC 的工作过程获得相关对象值的变化。

PLC 对来自人机界面信号的响应是一个"一触即发，延时返回"的单稳态过程，以一个组态工程为例：①当接收到来自人机界面的 SB0 按钮被按下的"按钮动作"信号时，立即置位输出信号 Q0.0；②Q0.0 被置位后，立即起动定时器 T40，T40 的设定值为 5s；③T40 的定时时间到来时，复位输出信号。

在人机界面的组态中，可以用一个由三个策略行构成的循环策略来模拟 PLC 的这一工作过程。具体组态步骤如下。

① 在 MCGS 组态环境的工作台菜单中选择"运行策略"组态，新建一个类型为循环策略的"策略1"。对其进行右击，选择属性项，如图5-17a 所示。在弹出的"策略属性设置"窗口中，将"策略执行方式"框内的"定时循环执行，循环时间（ms）"由"60000"改为"100"，如图5-17b 所示。循环时间与 PLC 的扫描周期相类似，每一循环开始，将扫描各策略行的策略条件是否满足，如果满足则执行策略构件的功能。

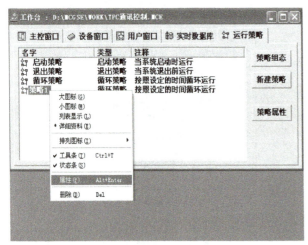
a）新建循环策略1

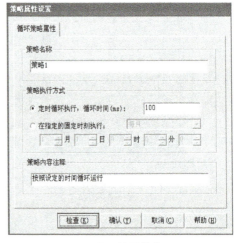
b）循环时间的修改

图 5-17　新建循环策略属性设置

② 双击"策略1"选项，弹出"策略组态：策略1"窗口和"策略工具箱"，如图5-18 所示。

③ 分别三次单击工具条中的新增策略行图标，增加三个策略行，如图5-19 所示。

④ 对图5-18 中最下一行策略行组态，步骤如下。

a. 单击"策略工具箱"中的"脚本程序"选项，将鼠标指针移到策略块图标上，单击鼠标左键，添加脚本程序构件，如图5-20 所示。

b. 双击图标，进入策略条件设置，在表达式中输入"按钮动作"，即当按钮 SB0 按下，"按钮动作"被置位时策略条件满足。

项目5　智能仓储单元的安装与调试

图 5-18　策略组态窗口和策略工具箱

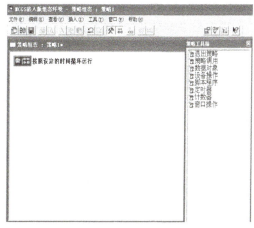
图 5-19　新增三个策略行

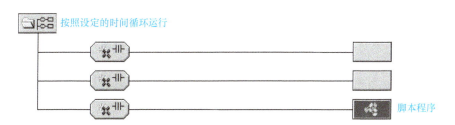
图 5-20　添加脚本程序构件

c. 双击 图标，进入脚本程序编辑环境，输入脚本程序：PLC 输出 = 1。然后单击"确认"按钮，脚本程序编写完毕。从而完成最下一行策略行的组态。

⑤ 对图 5-20 的中间策略行组态，该策略是起动定时器操作，步骤如下。

a. 单击"策略工具箱"中的"定时器"选项，将鼠标指针移到策略块 图标上，单击鼠标左键，添加定时器构件，如图 5-21 所示。

图 5-21　添加定时器构件

b. 双击 图标，进入策略条件设置，在表达式中输入"PLC 输出"。然后双击 图标，进入定时器组态。这时将弹出如图 5-22 的定时器属性设置窗口。

定时器构件的属性指定了定时器运行的条件和参数。条件属性包括计时条件和复位条件。定时器的参数则与 PLC 定时器很类似，也包括设定值、当前值和计时状态。计时状态相当于 PLC 定时器的触点输出。

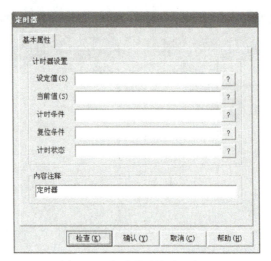

图 5-22　定时器属性设置窗口

● 定时器设定值对应于一个表达式，用表达式的值作为定时器的设定值，单位为秒（s），但可以设置成小数，以处理 ms 级的时间。本示例设置为 5.0s。

● 定时器当前值和实时数据库的一个数值型数据对象建立连接，每次运行到本构件时，把定时器的当前值赋给对应的数据对象。本示例中当前值与实时数据库的数值型数据对象"T 当前值"连接。

● 计时状态须与开关型数据对象建立连接，把计时器的计时状态赋给数据对象。为此，须在实时数据库中新增一个开关型数据对象 Ton，然后在定时器属性设置窗口的计时状态栏中填入 Ton。定时器的当前值小于设定值时，Ton 为 0，当前值大于等于设定值时，Ton 为 1。

● 计时条件对应一个表达式，当表达式的值为非零时，定时器进行计时；为零时，停止计时。本示例中表达式的值直接取"PLC 输出"，即当 PLC 输出 = 1 时，定时器开始计时。

● 复位条件对应一个表达式，当表达式的值为非零时，对定时器进行复位，使其从 0 开始重新计时。本示例中表达式的值直接取 Ton，即当定时器的定时时间到时立即使其复位，以准备下一次计时。

定时器属性设置完成后，单击其属性设置窗口确定按钮，从而完成中间策略行的组态。

⑥ 对图 5-18 中最上一行策略行组态。该策略行的功能要求为：如果定时器的定时时间到，立即复位"PLC 输出"。组态方法是把策略条件设置为常数 1，即策略条件永远成立，而"PLC 输出"复位的条件则取决于定时器状态，故策略功能为脚本程序，该程序是一个条件语句："IF Ton THEN PLC 输出 = 0"。

完成三个策略行的组态工作后，关闭"策略组态：策略 1"窗口并且保存，从而完成策略 1 组态过程。再对工程的组态进行模拟测试，这时策略 1 将在人机界面的后台运行。可以看到，模拟运行的过程与联机运行的过程是一致的。

总体来说，运行策略是 MCGS 嵌入版组态软件的重要组成部分，对于复杂工程的组态有着重要意义。人机界面组态中常常使用循环策略、事件策略和报警策略等，以实现较为复杂的工作任务要求。

◆ 任务实施过程卡

<table>
<tr><td colspan="4" align="center">智能仓储单元的程序编写与调试过程卡</td></tr>
<tr><td>模块名称</td><td>智能仓储单元的程序编写与调试</td><td colspan="2">实施人</td></tr>
<tr><td>图纸编号</td><td></td><td colspan="2">实施时间</td></tr>
<tr><td rowspan="8">确定 PLC 的 I/O 分配表</td><td>参数名称</td><td>对应功能</td><td>实施时间</td></tr>
<tr><td></td><td></td><td></td></tr>
<tr><td></td><td></td><td></td></tr>
<tr><td></td><td></td><td></td></tr>
<tr><td></td><td></td><td></td></tr>
<tr><td></td><td></td><td></td></tr>
<tr><td></td><td></td><td></td></tr>
<tr><td></td><td></td><td></td></tr>
<tr><td rowspan="8">设计程序流程图</td><td>功能要求</td><td>功能检查</td><td>实施时间</td></tr>
<tr><td></td><td></td><td></td></tr>
<tr><td></td><td></td><td></td></tr>
<tr><td></td><td></td><td></td></tr>
<tr><td></td><td></td><td></td></tr>
<tr><td></td><td></td><td></td></tr>
<tr><td></td><td></td><td></td></tr>
<tr><td></td><td></td><td></td></tr>
<tr><td rowspan="8">设计触摸屏监控画面</td><td></td><td></td><td></td></tr>
<tr><td></td><td></td><td></td></tr>
<tr><td></td><td></td><td></td></tr>
<tr><td></td><td></td><td></td></tr>
<tr><td></td><td></td><td></td></tr>
<tr><td></td><td></td><td></td></tr>
<tr><td></td><td></td><td></td></tr>
<tr><td></td><td></td><td></td></tr>
<tr><td>触摸屏和 PLC 联机调试</td><td></td><td></td><td></td></tr>
</table>

◆ 考核与评价

<table>
<tr><td colspan="2" align="center">评分表
_____学年</td><td align="center">工作形式
□个人 □小组分工 □小组</td><td colspan="3">工作时间
_____ min</td></tr>
<tr><td>任务</td><td colspan="2">训练内容</td><td>配分</td><td>学生自评</td><td>教师评分</td></tr>
<tr><td rowspan="5">单机自动运行过程</td><td colspan="2">(1) 上电,系统处于单机、复位状态下</td><td>1</td><td></td><td></td></tr>
<tr><td colspan="2">① 停止指示灯灭</td><td>1</td><td></td><td></td></tr>
<tr><td colspan="2">② 起动指示灯灭</td><td>1</td><td></td><td></td></tr>
<tr><td colspan="2">③ 复位指示灯亮</td><td>1</td><td></td><td></td></tr>
<tr><td colspan="2">(2) 在复位就绪状态下,按下起动按钮,单元起动,起动指示灯亮,停止和复位指示灯灭(停止或复位未完成状态下,按起动按钮无效)</td><td>2</td><td></td><td></td></tr>
</table>

（续）

任务	评分表 _____学年	工作形式 □个人 □小组分工 □小组		工作时间 _____min	
	训练内容	配分	学生自评	教师评分	
单机自动运行过程	①复位过程中,复位指示灯闪亮	2			
	②起动指示灯灭	2			
	③停止指示灯灭	4			
	④复位结束后,复位指示灯常亮	4			
	⑤运行或复位状态下,按起动按钮无效	3			
	⑥所有机构回到初始位置如下:				
	步进电动机在初始位置	5			
	升降伺服电动机在初始位置	3			
	旋转伺服电动机在初始位置	3			
	叉抓气缸 A 缩回	3			
	(3)在复位状态下,按下起动按钮,单元起动	2			
	①起动指示灯亮	2			
	②停止指示灯灭	2			
	③复位指示灯灭	2			
	④停止或运行状态下,按起动按钮无效	2			
	(4)第一次按起动按钮,垛机起动运行,运行到包装工作台位置等待	3			
	(5)第二次按起动按钮,垛机拾取气缸伸出到位	3			
	(6)垛机拾取吸盘打开,吸住物料盒	3			
	(7)垛机拾取气缸缩回,将物料盒完全托到垛机拾取托盘上,物料盒与包装工作台无任何接触	3			
	(8)垛机旋转到 4 号仓储位,垛机旋转过程中,物料盒不允许与包装工作台或智能仓库发生任何摩擦或碰撞	3			
	(9)如果当前仓位有物料盒存在,垛机旋转到 5 号仓储位,按照 7、8、9、4、5、6、1、2、3 顺序依次类推	3			
	(10)如果当前仓位空,则垛机拾取气缸伸出,将物料盒完全推入到当前仓位中,入仓过程中,物料盒不允许与智能仓库发生碰撞或出现顶住现象	3			
	(11)垛机拾取吸盘关闭,松开物料盒	3			
	(12)垛机拾取气缸缩回	3			
	(13)垛机回到包装工作台位置	3			
	(14)再放一个物料盒到机器人单元的包装工作台上,本单元将重复第 5~15 步,物料盒将依次按顺序被送往相应空仓位中	4			
	(15)在任何起动运行状态下,按下停止按钮,该单元立即停止,所有机构不工作,停止指示灯亮,起动和复位指示灯灭	4			
	(16)在任何起动运行状态下,按下停止按钮,该单元立即停止,所有机构不工作	2			
	①停止指示灯亮	2			
	②起动指示灯灭	2			
	③复位指示灯灭	2			

项目5　智能仓储单元的安装与调试

(续)

评分表_____学年		工作形式 □个人 □小组分工 □小组	工作时间_____ min	
任务	训练内容	配分	学生自评	教师评分
智能仓储单元界面数据监控表	触摸屏界面上有无"智能仓储单元界面"字样	1		
	触摸屏界面有无错别字,每错一处扣0.5分,扣完为止	2		
	布局界面是否符合工作任务卡要求,不符合扣2分	2		
	30个指示灯(详见工作任务卡)全有,且功能正确;1个指示缺失或功能不正确扣0.1分,扣完为止	2		
	4个按钮和1个开关(详见项目任务卡)全有,且功能正确;1个按钮缺失或功能不正确扣1分,扣完为止	2		
合计		100		

◆ 总结与提高

任务完成后,学生根据任务实施情况,分析存在的问题和原因,填写分析表,指导教师对任务实施情况进行讲评。

任务实施过程	存在的问题	解决办法
工具使用		
识读图纸		
安装质量		
安全文明生产		

◆ 任务拓展

观看视频,了解更多智能仓库应用场景。

智能仓库应用场景

任务 5.4　智能仓储单元的故障排除

◆ 工作任务卡

任务编号	5.4	任务名称	智能仓储单元的故障排除
设备型号	THJDMT-5B	实施地点	
设备系统	汇川/三菱	实训学时	4学时
参考文件	机电一体化智能实训平台使用手册		
工具、设备、耗材			

类别	名称	规格型号	数量	单位
工具	内六角扳手	组套,BS-C7	1	套
	螺钉旋具	一字槽螺钉旋具、十字槽螺钉旋具	各1	把
	斜口钳	S044008	1	把
	刻度尺	得力钢尺8462	1	把
	万用表	MY60	2	台

(续)

类别	名称	规格型号	数量	单位
设备	线号管打印机	硕方线号机 TP70	2	台
	空气压缩机	JYK35-800W	1	台
耗材	气管	PU软管,蓝色,6mm	5	m
	热缩管	1.5mm	1	m
	导线	0.75mm,黑	10	m
	接线端子	E-1008,黑	200	个

1. 工作任务

依据智能仓储单元的控制功能要求、机械机构图纸、电气接线图纸规定的 I/O 分配表安装要求等,对单元进行运行调试,排除电气电路及元器件等故障,确保单元内电路、气路及机械机构能正常运行。并将故障现象描述、故障部件分析、排除步骤填写到"排除故障操作记录表"中

例如故障现象:复位过程中垛机旋转轴到达极限限位 A 后停止,并未返回原点

分析流程同项目 1 任务 1.4

2. 工作准备

(1)技术资料:工作任务卡 1 份,设备说明书

(2)工作场地:有良好的照明、通风和消防设施等条件

(3)工具、设备领取单

(4)建议分组实施教学,每 2~3 人为一组,每组配备实训设备一台

(5)实训防护:穿戴劳保用品、工作服和防静电鞋

◆ 知识链接

伺服电动机常见故障现象及排除

1. 通电后伺服电动机不能转动,但无异响,也无异味和冒烟

故障原因:①电源未通(至少两相未通);②熔丝熔断(至少两相熔断);③过电流继电器调得过小;④控制设备接线错误。

故障排除:①检查电源回路开关,熔丝、接线盒处是否有断点,并修复;②检查熔丝型号、熔断原因,并更换新熔丝;③调节继电器整定值与电动机配合;④改正接线。

2. 通电后伺服电动机不转,有嗡嗡声

故障原因:①转子绕组有断路(一相断线)或电源一相失电;②绕组引出线始末端接错或绕组内部接反;③电源回路接点松动,接触电阻大;④电动机负载过大或转子卡住;⑤电源电压过低;⑥小型电动机装配太紧或轴承内油脂过硬;⑦轴承卡住。

故障排除:①查明断点加以修复;②绕组极性检查,判断绕组末端是否正确;③紧固松动的接线螺钉,用万用表判断各接头是否假接,加以修复;④减载或查出并消除机械故障;⑤检查是否把规定的面接法误接,是否由于电源导线过细使电压降过大,并加以纠正;⑥重新装配,更换合格油脂;⑦修复轴承。

3. 伺服电动机起动困难,在额定负载时,电动机转速低于额定转速较多

故障原因:①电源电压过低;②面接法电动机误接;③转子开焊或断裂;④转子局部线圈错接、接反;⑤修复电动机绕组时增加匝数过多;⑥电动机过载。

故障排除：①测量电源电压，设法改善；②纠正接法；③检查开焊和断点并修复；④查出误接处加以改正；⑤恢复正确匝数；⑥减载。

4. 伺服电动机空载电流不平衡，三相相差大

故障原因：①绕组首尾端接错；②电源电压不平衡；③绕组存在匝间短路、线圈反接等故障。

故障排除：①检查并纠正；②测量电源电压，设法消除不平衡；③消除绕组故障。

5. 伺服电动机运行时响声不正常，有异响

故障原因：①轴承磨损或油内有砂粒等异物；②转子铁心松动；③轴承缺油；④电源电压过高或不平衡。

故障排除：①更换轴承或清洗轴承；②检修转子铁心；③加油；④检查并调整电源电压。

6. 运行中伺服电动机振动较大

故障原因：①磨损轴承间隙过大；②气隙不均匀；③转子不平衡；④转轴弯曲；⑤联轴器（带轮）同轴度过低。

故障排除：①检修轴承，必要时更换；②调整气隙，使之均匀；③校正转子动平衡；④校直转轴；⑤重新校正，使之符合规定。

7. 伺服电动机轴承过热

故障原因：①润滑脂过多或过少；②油质不好含有杂质；③轴承与轴颈或端盖配合不当（过松或过紧）；④轴承内孔偏心，与轴相擦；⑤电动机端盖或轴承盖未装平⑥电动机与负载间联轴器未校正，或皮带过紧；⑦轴承间隙过大或过小；⑧电动机轴弯曲。

故障排除：①按规定加润滑脂（容积的1/3~2/3）；②更换清洁的润滑脂；③过松可用黏结剂修复，过紧应车磨轴径或端盖内孔，使之适合；④修理轴承盖，消除摩擦点；⑤重新装配；⑥重新校正，调整皮带张力；⑦更换新轴承；⑧校正电动机轴或更换转子。

8. 伺服电动机过热甚至冒烟

故障原因：①电源电压过高；②电源电压过低，电动机又带额定负载运行，电流过大使绕组发热；③修理拆除绕组时，采用热拆法不当，烧伤铁心；④电动机过载或频繁起动；⑤电动机缺相，两相运行；⑥重绕后定子绕组浸漆不充分；⑦环境温度高，电动机表面污垢多或通风道堵塞。

故障排除：①降低电源电压（如调整供电变压器分接头）；②提高电源电压或换粗供电导线；③检修铁心，排除故障；④减载，按规定次数控制起动；⑤恢复三相运行；⑥采用二次浸漆及真空浸漆工艺；⑦清洗电动机，改善环境温度，采用降温措施。

◆ 任务实施过程卡

智能仓储单元的故障排除过程卡

模块名称	智能仓储单元的故障排除	实施人	
图纸编号		实施时间	

(续)

工作步骤	故障现象	故障分析	故障排除	计划用时
设定故障	复位过程中垛机旋转轴到达极限限位A后停止,并未返回原点			
	垛机行走轴触碰极限限位后未停止运行			
	触摸屏与工作站通信不上			
其他运行故障				
编制人		审核人		第　页

◆ 考核与评价

评分表 _____学年		工作形式 □个人 □小组分工 □小组	工作时间 _____ min	
任务	训练内容	训练要求	学生自评	教师评分
工具使用	正确使用工具(10分)	使用工具不正确,扣10分		
方法使用	正确使用方法(30分)	1. 不会直观观察,扣10分 2. 不会电压法,扣10分 3. 不会电流法,扣10分		
排除故障思路	思路清晰(30分)	1. 排除故障思路不清晰,扣10分 2. 故障范围扩大,扣20分		
故障排除	正确排除故障(20分)	只能找到故障,不能排除故障或排除方法不对,扣20分		
安全文明生产	劳动保护用品穿戴整齐;遵守操作规程;讲文明礼貌;操作结束要清理现场(10分)	1. 操作中,违反安全文明生产考核要求的任何一项,扣5分,扣完为止 2. 当发现学生有重大事故隐患时,要立即制止,并扣5分		
合计				

◆ **总结与提高**

任务完成后,学生根据任务实施情况,分析存在的问题和原因,填写分析表,指导教师对任务实施情况进行讲评。

任务实施过程	存在的问题	解决办法
工具使用		
识读图纸		
安装质量		
安全文明生产		

◆ **任务拓展**

智能仓储单元常见故障见表5-2,教师可根据表中要求设置故障,要求学生编写排故流程图,指导学生独立排故。

表 5-2 智能仓储单元常见故障

序号	故障现象	故障原因	解决方法
1	伺服电动机不工作		
2	伺服电动机只能单向运行		
3	气缸不动作		
4	传感器输入 PLC 无信号		
5	伺服极限保护失灵		
6	传感器不检测		

项目 6　自动线系统程序优化与调试

【项目情境】

系统所有单元的单机功能已经调试完毕,主站与各单元的联机通信尚未实现。现需要编写联机通信程序,完善颗粒上料单元、检测分拣单元、机器人搬运单元、智能仓储单元的功能控制程序,实现生产过程数据的组态监控,对生产过程优化,达到低碳、节能及环保的目的。THJDMT-5B 型机电一体化智能实训平台如图 6-1 所示。

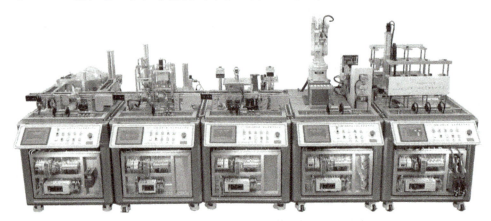

图 6-1　THJDMT-5B 型机电一体化智能实训平台

【项目目标】

知识目标	1. 了解整机的运行过程
	2. 熟悉主站与各单元的联机通信配置和调试
	3. 熟悉系统整机组态设计和联机调试
	4. 了解现场管理知识、安全规范及绿色节能生产
技能目标	1. 会使用电工仪器工具,进行整机线路通断、线路阻抗的检测和测量
	2. 能够对自动化优化控制要求进行分析,提出 PLC 编程解决方案,会开展自动线系统优化设计、调试工作
素质目标	1. 通过对机电一体化设备设计和故障排查,培养解决困难的耐心和决心,遵守工程项目实施的客观规律,培养严谨科学的学习态度
	2. 通过小组实施分工,具备良好的团队协作和组织协调能力,培养工作实践中的团队精神。按照自动化国标和行业规范,开展任务实施,培养学生质量意识、绿色环保意识、安全用电意识
	3. 通过实训室 6S 管理,培养学生的职业素养

任务 6.1 系统的网络通信设置

◆ 工作任务卡

任务编号	6.1	任务名称	系统的网络通信设置
任务目标	以智能仓储单元为主站组建 PLC 之间的 485 网络通信，并和触摸屏建立以太网通信，完成各工作单元的 PLC 通信程序编写		
设备型号	THJDMT-5B	实施地点	机电实训中心
设备系统	汇川/三菱	实训学时	4 学时
参考文件		机电一体化智能实训平台使用手册	

工具、设备、耗材

类别	名称	规格型号	数量	单位
工具	内六角扳手	组套，BS-C7	1	套
	螺钉旋具	一字槽螺钉旋具、十字槽螺钉旋具	各 1	把
	安全锤	得力 5003	1	把
	刻度尺	得力钢尺 8462	1	把
	万用表	MY60	2	台
设备	线号管打印机	硕方线号机 TP70	2	台
	空气压缩机	JYK25-800W	1	台
耗材	圆柱头螺钉	M4×25	100	个
	15 针端子板	DB15	3	个
	普通平键 A 型	4×4×20	50	个

1. 工作任务

完成各工作单元的 PLC 通信程序编写与调试

图示	说明
 图 6-2 N：N 通信网络硬件连接 表 6-1 特殊数据寄存器的设定	N：N 通信网络硬件连接如图 6-2 所示，特殊数据寄存器的设定见表 6-1

数据寄存器	功能描述	设定值	含义
D8126	通信协议设定	智能仓储单元设定为 40H，其余单元设定为 04H	智能仓储单元是 N：N 通信主站，其余单元是通信从站
D8176	本站站号设定	5 个工作单元依次设定为 1、2、3、4、0	定义各单元的站号，其中主站的站号必须设定为 0
D8177	从站总数设定	在主站中设定为 4	系统包含 4 个从站
D8178	刷新范围设定	在主站中设定为模式 2	交换数据包含 64 个 M 元件、8 个 D 元件
D8179	重试次数设定	在主站中设定为 2	重试次数为 2 次
D8180	通信超时设置	在主站中设定为 5	超时时间为 50ms

（续）

图 示	说 明
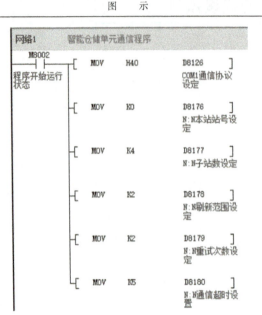\n图 6-3 智能仓储单元 N：N 通信程序\n\n图 6-4 颗粒上料单元 N：N 通信程序\n\n表 6-2 各站点 PLC 的变量区域定义\n\n| 工作单元	站点号	位软元件（M）	字软元件（D） |\n|---|---|---|---|\n| 智能仓储单元	第 0 号	M1000～M1063	D0～D7 |\n| 颗粒上料单元	第 1 号	M1064～M1127	D10～D17 |\n| 加盖拧盖单元	第 2 号	M1128～M1191	D20～D27 |\n| 检测分拣单元	第 3 号	M1192～M1255	D30～D37 |\n| 机器人搬运单元	第 4 号	M1256～M1319	D40～D47		智能仓储单元 N：N 通信程序如图 6-3 所示，颗粒上料单元 N：N 通信程序如图 6-4 所示 各站点 PLC 的变量区域定义见表 6-2
\n图 6-5 主站智能仓储单元监控程序	主站智能仓储单元监控程序如图 6-5 所示，从站颗粒上料单元监控程序如图 6-6 所示

(续)

图 示	说明
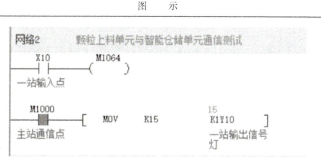 图 6-6 从站颗粒上料单元监控程序	主站智能仓储单元监控程序如图 6-5 所示,从站颗粒上料单元监控程序如图 6-6 所示
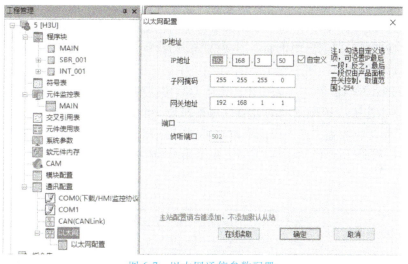 图 6-7 以太网通信参数配置	以太网通信方案参数配置如图 6-7 所示,以太网主站配置对话框如图 6-8 所示
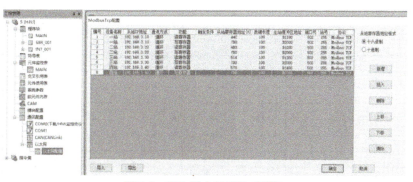 图 6-8 以太网主站配置对话框	

2. 工作准备

(1)技术资料:工作任务卡 1 份,设备说明书

(2)工作场地:有良好的照明、通风和消防设施等条件

(3)工具、设备领取单

(4)建议分组实施教学,每 2~3 人为一组,每组配备实训设备一台

(5)实训防护:穿戴劳保用品、工作服和防静电鞋

◆ 知识链接

1. 数据通信介绍

通信是指通过传输介质在两个设备之间以电信号的形式交换任何类型的信息。根据传输数据类型的不同,通信分为数字通信和模拟通信。通信包括了单工、半双工和全双工三种传输模式,串行通信、并行通信两种基本通信方式。

2. 汇川 PLC 通信介绍

汇川系列 PLC 主模块自带以太网通信和 CAN 通信,支持 CANlink、CANopen 协议、N:N 协议,包含2个独立物理串行通信口,分别为 COM0 和 COM1。COM0 具有编程、监控功能;COM1 功能完全由用户自由定义。

PLC 的 N:N 网络适用于小规模的系统数据传输,能够实现最多 8 台 PLC 之间的互联。该网络采用广播方式进行通信,网络中每一个站都有特定的辅助继电器和数据寄存器,其中有系统指定的共享数据区域,即网络中的每一台 PLC 都要提供各自的辅助继电器和数据寄存器,组成网络交换数据的共享区间。

H3U 主模块自带以太网通信接口,支持 MODBUS TCP 协议和 10M/100M 的自适应速率。H3U 通用机型支持 16 个连接(IP 地址相同且端口号相同为一个连接),无论作为主站或从站,最大可与 16 个站点进行数据交换,同一个站点可同时作为主站与从站。以太网收发帧是在每个用户程序扫描周期进行处理,所以读写速度受用户程序扫描周期的影响。

◆ 任务实施过程卡

系统的网络通信设置过程卡			
模块名称	系统的网络通信设置	实施人	
图纸编号		实施时间	
工作步骤	功能检查	调试结果	计划用时
N:N 通信硬件连接			
N:N 通信程序编写与调试			
以太网通信软件设置			
以太网通信调试			
编制人		审核人	第 页

项目6　自动线系统程序优化与调试

◆ 考核与评价

任务	评分表 _____学年		工作形式 □个人 □小组分工 □小组		工作时间 _____min	
		训练内容		配分	学生自评	教师评分
系统的网络通信设置	N:N通信	485通信线连接，每处连接不通扣5分，配分扣完为止		15		
		通信参数设置	站号设置，每处不正确扣5分，配分扣完为止	15		
			刷新模式设置不正确扣5分，配分扣完为止	15		
			重试次数和通信超时设置不合理，每处扣5分，配分扣完为止	15		
	以太网通信	以太网线连接，每处连接不通扣5分，配分扣完为止		10		
		通信参数设置	各站点IP地址设置，每处错误扣5分，配分扣完为止	10		
			子网掩码设置，每处错误扣5分，配分扣完为止	10		
			网关地址设置，每处错误扣5分，配分扣完为止	10		
		合计		100		

◆ 总结与提高

任务完成后，学生根据任务实施情况，分析存在的问题和原因，填写分析表，指导教师对任务实施情况进行讲评。

任务实施过程	存在的问题	解决办法
工具使用		
识读图纸		
安装质量		
安全文明生产		

任务6.2　系统的组态控制

◆ 工作任务卡

任务编号	6.2	任务名称	系统的组态控制
任务目标	在智能仓储单元配置的触摸屏上，完成总控画面组态控制设计，总控画面需要监控的数据		
设备型号	THJDMT-5B	实施地点	机电实训中心
设备系统	汇川/三菱	实训学时	4学时
参考文件	机电一体化智能实训平台使用手册		
工具、设备、耗材			

（续）

类别	名称	规格型号	数量	单位
工具	螺钉旋具	一字槽螺钉旋具、十字槽螺钉旋具	各1	把
工具	斜口钳	S044008	1	把
工具	刻度尺	得力钢尺 8462	1	把
工具	压线钳	0.25~10mm²	1	把
设备	万用表	MY60	2	台
设备	线号管打印机	硕方线号机 TP70	2	台
设备	空气压缩机	JYK35-800W	1	台
耗材	气管	PU软管，蓝色，6mm	5	m
耗材	热缩管	1.5mm	1	m
耗材	导线	0.75mm，黑	10	m
耗材	接线端子	E-1008，黑	200	个

1. 工作任务

根据触摸屏总控画面监控数据规划，完成系统的组态控制

表 6-3　触摸屏总控画面监控数据规划

序号	名称	类型	功能说明	数据地址
1	单机/联机	标准按钮	系统单机、联机模式切换	M1003
2	联机起动	标准按钮	系统联机起动	M1000
3	联机停止	标准按钮	系统联机停止	M1001
4	联机复位	标准按钮	系统联机复位	M1002
5	单机/联机	位指示灯	联机状态蓝色灯亮	M1010
6	系统起动	位指示灯	起动状态绿色灯亮	M1011
7	系统停止	位指示灯	停止状态红色灯亮	M1012
8	系统复位	位指示灯	复位状态黄色灯亮	M1013
9	总填装数量设定	模拟量输入框	决定单个物料瓶填装颗粒总数量	D2004
10	白色颗粒填装数量设定	模拟量输入框	决定单个物料瓶白色颗粒填装数量	D2005
11	入库库位设定	模拟量输入框	决定物料盒入仓位置	D2006
12	总填装数量	模拟量显示框	显示当前物料瓶填装颗粒总数量	D1103
13	白色颗粒填装数量	模拟量显示框	显示当前物料瓶白色颗粒填装数量	D1104
14	运行用时	模拟量显示框	一个流程运行时间	D2007
15	物料颗粒总数量	模拟量显示框	显示当前已经完成的物料颗粒总数	D1102
16	物料瓶合格总数量	模拟量显示框	显示检测分拣单元已经检测合格的物料瓶总数	D1303
17	物料瓶不合格总数量	模拟量显示框	显示检测分拣单元已经检测不合格的物料瓶总数	D1104
18	智能仓储单元	画面切换按钮	跳转到智能仓储单元画面	—

触摸屏总控画面监控数据规划见表6-3

(续)

2. 工作准备

(1)技术资料:工作任务卡1份,设备说明书

(2)工作场地:有良好的照明、通风和消防设施等条件

(3)工具、设备领取单

(4)建议分组实施教学,每2~3人为一组,每组配备实训设备一台

(5)实训防护:穿戴劳保用品、工作服和防静电鞋

◆ 知识链接

MCGS是一种用于快速构造和生成监控系统的组态软件。通过对现场数据的采集处理,以动画显示、报警处理、数据采集、流程控制、工程报表、数据与曲线等多种方式向用户提供解决实际工程问题的方案。

在实施系统组态控制前,需要分析总控画面的系统构成、技术要求和工艺流程,弄清系统的控制流程和测控对象的特征,明确监控要求和动画显示方式,分析工程中的设备采集及输出通道与软件中实时数据库变量的对应关系,分清哪些变量是要求与设备连接的,哪些变量是软件内部用来传递数据及动画显示的。

◆ 任务实施过程卡

系统的组态控制过程卡				
模块名称	系统的组态控制	实施人		
图纸编号		实施时间		
工作步骤	功能检查	测试结果	用时	
规划监控数据				
搭建工程框架				
制作画面				
完善控件功能				
编写程序调试工程				
连接设备驱动程序				
工程完工综合测试				
编制人		审核人	第 页	

◆ 考核与评价

评分表 _____学年		工作形式 □个人 □小组分工 □小组		工作时间 _____ min	
任务		训练内容	配分	学生自评	教师评分
系统的组态控制	组态画面	控件完整性，出现控件缺失或文字错误，每处扣1分，配分扣完为止	25		
		控件分布合理、对齐，符合人机工程学规范，不合理每处扣1分，配分扣完为止	25		
		控件颜色不符合要求，每处扣1分，配分扣完为止	25		
		字体、字号不统一，每处扣1分，配分扣完为止	25		
合计			100		

◆ 总结与提高

任务完成后，学生根据任务实施情况，分析存在的问题和原因，填写分析表，指导教师对任务实施情况进行讲评。

任务实施过程	存在的问题	解决办法
工具使用		
识读图纸		
安装质量		
安全文明生产		

任务6.3 控制程序的优化

◆ 工作任务卡

任务编号	6.3	任务名称	控制程序的优化
任务目标	完成检测分拣单元控制程序、触摸屏工程设计并进行单机调试，保证能够进行正确运行，以便自动线后期能够实现生产过程自动化		
设备型号	THJDMT-5B	实施地点	机电实训中心
设备系统	汇川/三菱	实训学时	4学时
参考文件	机电一体化智能实训平台使用手册		
工具、设备、耗材			

类别	名称	规格型号	数量	单位
工具	内六角扳手	组套，BS-C7	1	套
	螺钉旋具	一字槽螺钉旋具、十字槽螺钉旋具	各1	把
	斜口钳	S044008	1	把
	刻度尺	得力钢尺8462	1	把
	万用表	MY60	2	台

项目6 自动线系统程序优化与调试

(续)

类别	名称	规格型号	数量	单位
设备	线号管打印机	硕方线号机 TP70	2	台
	空气压缩机	JYK35-800W	1	台
耗材	气管	PU软管,蓝色,6mm	5	m
	热缩管	1.5mm	1	m
	导线	0.75mm,黑	10	m
	接线端子	E-1008,黑	200	个

1. 工作任务

根据文件,完成系统程序优化,并运行调试

图示	说明
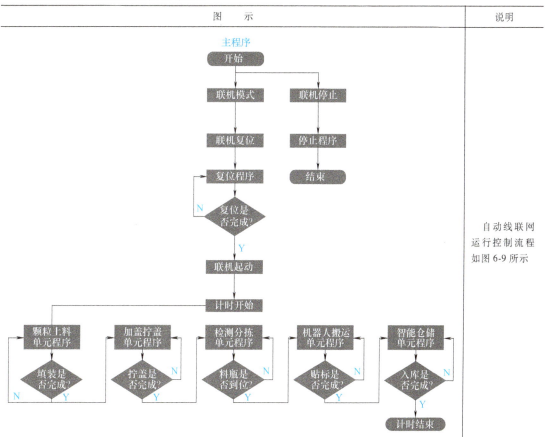 图6-9 自动线联网运行控制流程	自动线联网运行控制流程如图6-9所示

表6-4 主站发送、从站接收数据规划

数据首地址	主站	从站#1	从站#2	从站#3	从站#4	
M1000	D2000(M1000)	D2000	D2000	D2000	D2000	主站发送、从站接收数据规划见表6-4
M1064	D1100	D1100(M1064)	D2040(D1100)	D2060(D1100)	D2080(D1100)	
M1128	D1200	D2020(D1200)	D1200(M1128)	D2061(D1200)	D2081(D1200)	
M1192	D1300	D2021(D1300)	D2041(D1300)	D1300(M1192)	D2082(D1300)	
M1256	D1400	D2022(D1400)	D2042(D1400)	D2062(D1400)	D1400(M1256)	

(续)

图示	说明
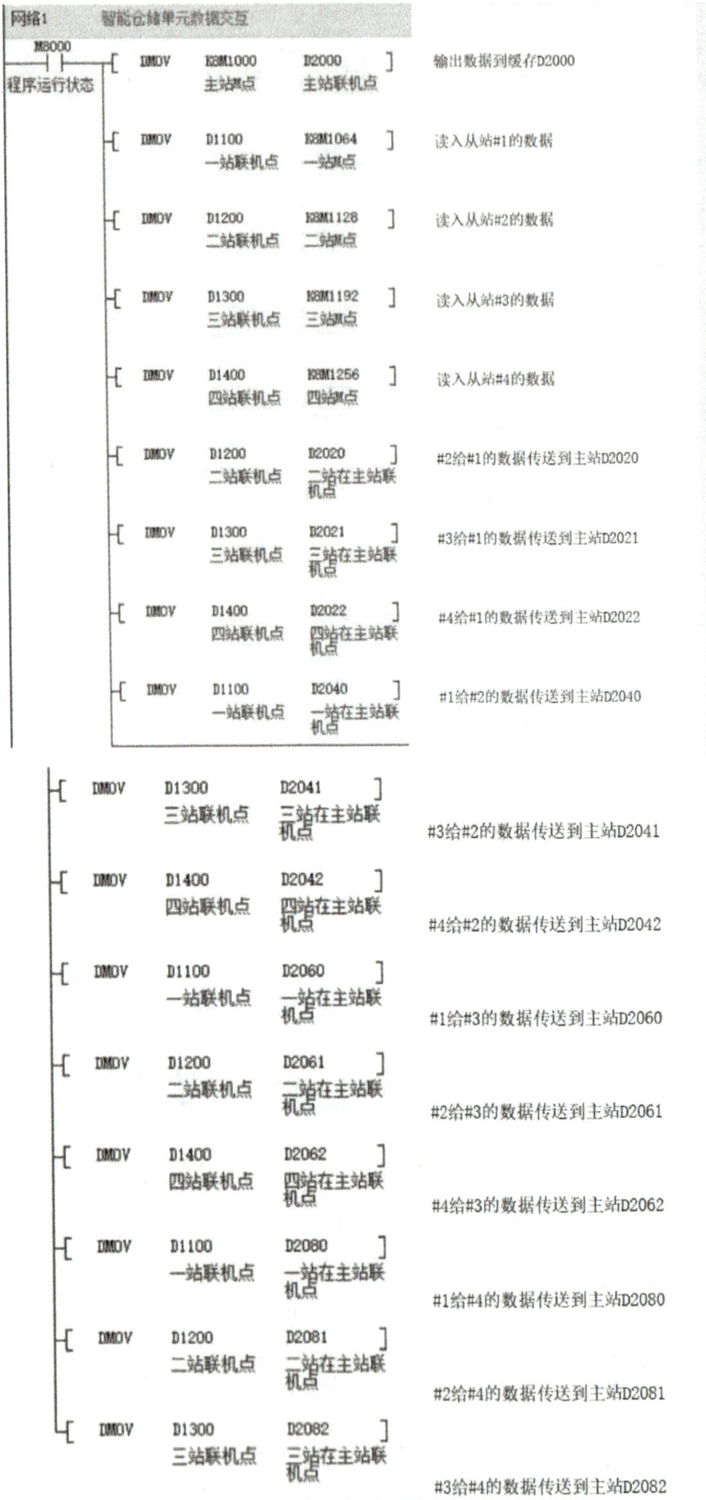 网络1 智能仓储单元数据交互 M8000 程序运行状态 ─[DMOV K8M1000 D2000] 输出数据到缓存D2000 　　　　　　　　主站I点　主站联机点 　　　　　　　─[DMOV D1100 K8M1064] 读入从站#1的数据 　　　　　　　　一站联机点　一站I点 　　　　　　　─[DMOV D1200 K8M1128] 读入从站#2的数据 　　　　　　　　二站联机点　二站I点 　　　　　　　─[DMOV D1300 K8M1192] 读入从站#3的数据 　　　　　　　　三站联机点　三站I点 　　　　　　　─[DMOV D1400 K8M1256] 读入从站#4的数据 　　　　　　　　四站联机点　四站I点 　　　　　　　─[DMOV D1200 D2020] #2给#1的数据传送到主站D2020 　　　　　　　　二站联机点　二站在主站联机点 　　　　　　　─[DMOV D1300 D2021] #3给#1的数据传送到主站D2021 　　　　　　　　三站联机点　三站在主站联机点 　　　　　　　─[DMOV D1400 D2022] #4给#1的数据传送到主站D2022 　　　　　　　　四站联机点　四站在主站联机点 　　　　　　　─[DMOV D1100 D2040] #1给#2的数据传送到主站D2040 　　　　　　　　一站联机点　一站在主站联机点 　　　　　　　─[DMOV D1300 D2041] #3给#2的数据传送到主站D2041 　　　　　　　　三站联机点　三站在主站联机点 　　　　　　　─[DMOV D1400 D2042] #4给#2的数据传送到主站D2042 　　　　　　　　四站联机点　四站在主站联机点 　　　　　　　─[DMOV D1100 D2060] #1给#3的数据传送到主站D2060 　　　　　　　　一站联机点　一站在主站联机点 　　　　　　　─[DMOV D1200 D2061] #2给#3的数据传送到主站D2061 　　　　　　　　二站联机点　二站在主站联机点 　　　　　　　─[DMOV D1400 D2062] #4给#3的数据传送到主站D2062 　　　　　　　　四站联机点　四站在主站联机点 　　　　　　　─[DMOV D1100 D2080] #1给#4的数据传送到主站D2080 　　　　　　　　一站联机点　一站在主站联机点 　　　　　　　─[DMOV D1200 D2081] #2给#4的数据传送到主站D2081 　　　　　　　　二站联机点　二站在主站联机点 　　　　　　　─[DMOV D1300 D2082] #3给#4的数据传送到主站D2082 　　　　　　　　三站联机点　三站在主站联机点 图6-10　主站智能仓储单元联网数据传送程序	联网数据传送程序，主站智能仓储单元联网数据传送程序如图6-10所示，从站颗粒上料单元的数据读写程序如图6-11所示

(续)

图 示	说 明
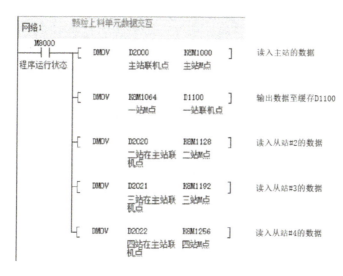 图 6-11 从站颗粒上料单元的数据读写程序  图 6-12 联机起动程序 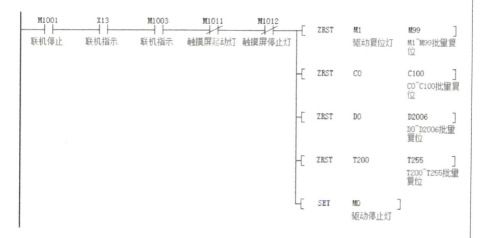 图 6-13 联机停止程序	动作控制程序如图 6-12～图 6-14 所示

（续）

图 示	说 明
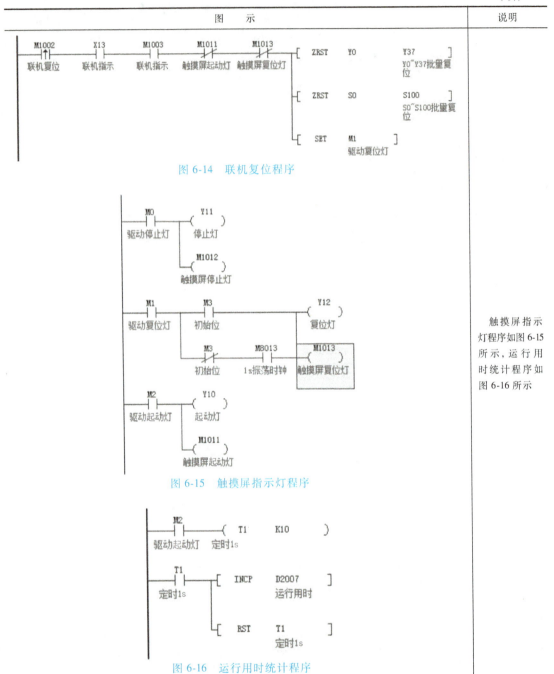

图 6-14 联机复位程序

图 6-15 触摸屏指示灯程序

图 6-16 运行用时统计程序 | 触摸屏指示灯程序如图 6-15 所示，运行用时统计程序如图 6-16 所示 |

2. 工作准备

(1) 技术资料：工作任务卡 1 份，设备说明书
(2) 工作场地：有良好的照明、通风和消防设施等条件
(3) 工具、设备领取单
(4) 建议分组实施教学，每 2~3 人为一组，每组配备实训设备一台
(5) 实训防护：穿戴劳保用品、工作服和防静电鞋

◆ 任务实施过程卡

<table>
<tr><td colspan="5" align="center">控制程序的优化过程卡</td></tr>
<tr><td>模块名称</td><td>控制程序的优化</td><td colspan="2">实施人</td><td></td></tr>
<tr><td>图纸编号</td><td></td><td colspan="2">实施时间</td><td></td></tr>
<tr><td>工作步骤</td><td>功能检查</td><td colspan="2">测试结果</td><td>用时</td></tr>
<tr><td rowspan="8">联网数据传送
程序优化与调试</td><td></td><td colspan="2"></td><td></td></tr>
<tr><td></td><td colspan="2"></td><td></td></tr>
<tr><td></td><td colspan="2"></td><td></td></tr>
<tr><td></td><td colspan="2"></td><td></td></tr>
<tr><td></td><td colspan="2"></td><td></td></tr>
<tr><td></td><td colspan="2"></td><td></td></tr>
<tr><td></td><td colspan="2"></td><td></td></tr>
<tr><td></td><td colspan="2"></td><td></td></tr>
<tr><td rowspan="8">动作控制程序
优化与调试</td><td></td><td colspan="2"></td><td></td></tr>
<tr><td></td><td colspan="2"></td><td></td></tr>
<tr><td></td><td colspan="2"></td><td></td></tr>
<tr><td></td><td colspan="2"></td><td></td></tr>
<tr><td></td><td colspan="2"></td><td></td></tr>
<tr><td></td><td colspan="2"></td><td></td></tr>
<tr><td></td><td colspan="2"></td><td></td></tr>
<tr><td></td><td colspan="2"></td><td></td></tr>
</table>

◆ 考核与评价

评分表 _____学年		工作形式 □个人 □小组分工 □小组		工作时间 _____ min		
任务		训练内容	配分	学生自评	教师评分	
控制程序的优化	生产准备	检查并确保颗粒、物料瓶、瓶盖、盒盖、底盒、标签等满足生产要求,未排除缺料,扣1分	1			
		全线在线物料清除,未清空扣1分	1			
		未排除气路原因而致使触摸屏操作失败,扣1分	1			
		未排除电路原因而致使触摸屏操作失败,扣1分	1			
		未排除设备原因而致使触摸屏操作失败,扣1分	1			
		确保各单元处于"联机""自动"运行模式,每处不合格扣1分	1			
	运行过程	在触摸屏总控画面中点按"单机/联机"按钮,系统进入联机运行状态,"联机"指示灯变蓝色,不合格扣2分	2			
		在系统停止状态下,点按触摸屏总控画面"联机复位"按钮,各单元回到初始状态后,复位指示灯变黄色,不合格扣6分	6			
		在总控画面设定物料瓶颗粒填装总数,不合格扣1分	1			
		在总控画面设定物料瓶白色物料填装数量,不合格扣1分	1			

(续)

评分表 _____学年		工作形式 □个人 □小组分工 □小组	工作时间 _____ min		
任务		训练内容	配分	学生自评	教师评分
控制程序的优化	运行过程	在总控画面设定入库仓位,不合格扣1分	1		
		在系统复位完成后,在触摸屏总控画面中点按"联机起动"按钮,系统进入运行状态,起动指示灯变绿色,复位指示灯变灰色,不合格扣3分	3		
		计时显示框开始计时,不合格扣1分	1		
		颗粒上料单元起动运行,主输送带起动,不合格扣3分	3		
		颗粒上料单元填装完成设定数量后,填装定位机构松开,不合格扣2分	2		
		填装过程中实时显示当前物料瓶颗粒填装总数,不合格扣2分	2		
		填装过程中实时显示当前物料瓶白色物料填装总数,不合格扣2分	2		
		填装过程中实时累积自动线填装颗粒总数,不合格扣2分	2		
		物料瓶转运至加盖拧盖单元,加盖拧盖单元输送带起动运行,不合格扣3分	3		
		加盖与拧盖过程中单元输送带停止运行,完成后方可重新起动,不合格扣2分	2		
		加盖拧盖单元持续5s没有新的物料瓶,单元输送带停止运行,不合格扣3分	3		
		物料瓶输送到检测分拣单元,检测分拣单元主输送带起动,不合格扣3分	3		
		单元分拣出合格品与不合格品,并在系统总控画面实时显示自动线累积合格品数量和不合格品数量,不合格扣4分	4		
		若白色瓶盖拧紧,物料颗粒为3颗,认定为合格品。检测机构指示灯绿色常亮,物料瓶输送至主输送带末端后,主输送带停止运行,不合格扣5分	5		
		若蓝色瓶盖拧紧,物料颗粒为3颗,认定为合格品。检测机构指示灯绿色闪烁($f=2Hz$),物料瓶输送至主输送带末端后,主输送带停止运行,不合格扣5分	5		
		若瓶盖未旋紧,认定为不合格品。检测机构指示灯红色常亮,物料瓶输送至不合格分拣槽中,不合格扣5分	5		
		若瓶盖拧紧,物料颗粒不是3颗,认定为不合格品。检测机构指示灯黄色常亮,物料瓶输送至不合格分拣槽中,不合格扣5分	5		
		总控画面上出现"物料颗粒填充错误,请及时修改!"文字滚动报警信息,不合格扣3分	3		
		合格品在分拣单元主输送带末端停留时间超过3s,颗粒上料单元和加盖拧盖单元输送带停止运行并进入暂停状态,等待合格品被抓取后继续运行,不合格扣3分	3		
		机器人单元按照设定的控制程序和机器人示教路径完成装瓶和贴标作业,要求标签颜色与料瓶的瓶盖颜色对应,不合格扣3分	3		

(续)

任务		训练内容	配分	学生自评	教师评分
控制程序的优化	运行过程	机器人单元将完成的包装盒转运至触摸屏指定的仓储单元仓位，不合格扣3分	3		
		若指定仓位已有物料盒，垛机按照B1、B4、B7、B2、B5、B8、B3、B6、B9顺序自动将物料盒送至下一个空闲仓位。总控画面出现"当前指定仓位已满，系统已自动调整！"文字滚动报警信息，直至垛机回到初始位置时消失，不合格扣5分	5		
		计时停止，物料盒送入仓位后，计时显示框停止计时，不合格扣1分	1		
		在触摸屏总控画面中点按"联机停止"按钮，系统进入停止状态，停止指示灯变红色，起动指示灯变灰色，不合格扣5分	5		
	安全文明生产	劳动保护、操作规程、文明礼貌、现场卫生，不合格扣10分	10		
合计			100		

评分表 _____学年　　工作形式 □个人 □小组分工 □小组　　工作时间 _____min

◆ **总结与提高**

任务完成后，学生根据任务实施情况，分析存在的问题和原因，填写分析表，指导教师对任务实施情况进行讲评。

任务实施过程	存在的问题	解决办法
工具使用		
识读图纸		
安装质量		
安全文明生产		

任务6.4　系统的运行调试

◆ **工作任务卡**

任务编号	6.4	任务名称	系统的运行调试
任务目标	在完成联机程序的编写和触摸屏组态控制后，运行并调试自动线，排除可能出现的通信故障、单元之间的机械连接等故障，确保自动线功能完备、运行正常		
设备型号	THJDMT-5B	实施地点	机电实训中心
设备系统	汇川	实训学时	4学时
参考文件	机电一体化智能实训平台使用手册		
工具、设备、耗材			

(续)

类别	名称	规格型号	数量	单位
工具	内六角扳手	组套,BS-C7	1	套
	螺钉旋具	一字槽螺钉旋具、十字槽螺钉旋具	各1	把
	斜口钳	S044008	1	把
	刻度尺	得力钢尺8462	1	把
	万用表	MY60	2	台
设备	线号管打印机	硕方线号机TP70	2	台
	空气压缩机	JYK35-800W	1	台
耗材	气管	PU软管,蓝色,6mm	5	m
	热缩管	1.5mm	1	m
	导线	0.75mm,黑	10	m
	接线端子	E-1008,黑	200	个

1. 工作任务

完成系统整机运行调试,故障诊断及排除

观察系统各单元及整机运行状况,进行故障诊断及排除

2. 工作准备

(1)技术资料:工作任务卡1份;设备说明书

(2)工作场地:有良好的照明、通风和消防设施等条件

(3)工具、设备领取单

(4)建议分组实施教学,每2~3人为一组,每组配备实训设备一台

(5)实训防护:穿戴劳保用品、工作服和防静电鞋

◆ 任务实施过程卡

系统的运行调试过程卡

模块名称	系统的运行调试	实施人		
图纸编号		实施时间		
工作步骤	运行状况	故障分析	故障排除	用时
生产准备				
站前准备				

（续）

工作步骤	运行状况	故障分析	故障排除	用时
触摸屏操作				
生产过程				
编制人		审核人		第　页

◆ 考核与评价

评分表 _____学年			工作形式 □个人 □小组分工 □小组	工作时间 _____ min	
任务		训练内容	配分	学生自评	教师评分
系统的运行调试	生产准备	检查并确保颗粒、物料瓶、物瓶盖、盒盖、底盒、标签等满足生产要求,未排除缺料,扣1分	1		
		全线在线物料清除,未清空扣1分	1		
		未排除气路原因而致使触摸屏操作失败,扣1分	1		
		未排除电路原因而致使触摸屏操作失败,扣1分	1		
		未排除设备原因而致使触摸屏操作失败,扣1分	1		
		确保各单元处于"联机""自动"运行模式,每处不合格扣1分	1		
	运行过程	在触摸屏总控画面中点按"单机/联机"按钮,系统进入联机运行状态,联机指示灯变蓝色,不合格扣2分	2		
		在系统停止状态下,点按触摸屏总控画面"联机复位"按钮,各单元回到初始状态后,复位指示灯变黄色,不合格扣6分	6		
		在总控画面设定物料瓶颗粒填装总数,不合格扣1分	1		
		在总控画面设定料瓶白料填装数量,不合格扣1分	1		
		在总控画面设定入库仓位,不合格扣1分	1		
		在系统复位完成后,在触摸屏总控画面中点按"联机起动"按钮,系统进入运行状态,起动指示灯变绿色,复位指示灯变灰色,不合格扣3分	3		
		计时显示框开始计时,不合格扣1分	1		
		颗粒上料单元起动运行,主输送带起动	3		
		颗粒上料单元填装完成设定数量后,填装定位机构松开	2		
		填装过程中,实时显示当前物料瓶颗粒填装总数,不合格扣2分	2		
		填装过程中,实时显示当前物料瓶白色物料填装总数,不合格扣2分	2		
		填装过程中,实时累积自动线填装颗粒总数,不合格扣2分	2		
		物料瓶转运至加盖拧盖单元,加盖拧盖单元输送带起动运行,不合格扣3分	3		
		加盖与拧盖过程中单元输送带停止运行,完成后方可重新起动,不合格扣2分	2		
		加盖拧盖单元持续5s没有新的物料瓶,单元输送带停止运行,不合格扣3分	3		
		物料瓶输送到检测分拣单元,检测分拣单元主输送带起动,不合格扣3分	3		
		单元分拣出合格品与不合格品,并在系统总控画面实时显示自动线累积合格品数量和不合格品数量,不合格扣4分	4		
		若白色瓶盖拧紧,物料颗粒为3颗,认定为合格品。检测机构指示灯绿色常亮,物料瓶输送至主输送带末端后主输送带停止运行,不合格扣5分	5		

(续)

评分表 _____学年		工作形式 □个人 □小组分工 □小组	工作时间 _____ min		
任务		训练内容	配分	学生自评	教师评分
系统的运行调试	生产过程	若蓝色瓶盖拧紧,物料颗粒为3颗,认定为合格品。检测机构指示灯绿色闪烁($f=2Hz$),物料瓶输送至主输送带末端后主输送带停止运行,不合格扣5分	5		
		若瓶盖未旋紧,认定为不合格品。检测机构指示灯红色常亮,物料瓶输送至不合格分拣槽中,不合格扣5分	5		
		若瓶盖拧紧,物料颗粒不是3颗,认定为不合格品。检测机构指示灯黄色常亮,物料瓶输送至不合格分拣槽中,不合格扣5分	5		
		总控画面上出现"物料颗粒填充错误,请及时修改!"文字滚动报警信息,不合格扣3分	3		
		合格品在分拣单元主输送带末端停留时间超过3s,颗粒上料单元和加盖拧盖单元输送带停止运行并进入暂停状态,等待合格品被抓取后继续运行,不合格扣3分	3		
		机器人单元按照设定的控制程序和机器人示教路径完成装瓶和贴标作业,不合格扣3分	3		
		机器人单元将完成的物料盒转运至触摸屏指定的仓储单元仓位,不合格扣3分	3		
		若指定仓位已有物料盒,垛机按照B1、B4、B7、B2、B5、B8、B3、B6、B9顺序自动将物料盒送至下一个空闲仓位。总控画面出现"当前指定仓位已满,系统已自动调整!"文字滚动报警信息,直至垛机回到初始位置时消失,不合格扣5分	5		
		计时停止,物料盒送入仓位后,计时显示框停止计时,不合格扣1分	1		
		在触摸屏总控画面中点按"联机停止"按钮,系统进入停止状态,"停止"指示灯变红色,启动指示灯变灰色,不合格扣5分	5		
	安全文明生产	劳动保护、操作规程、文明礼貌、现场卫生,不合格扣10分	10		
合计			100		

◆ 总结与提高

任务完成后,学生根据任务实施情况,分析存在的问题和原因,填写分析表,指导教师对任务实施情况进行讲评。

任务实施过程	存在的问题	解决办法
工具使用		
识读图纸		
安装质量		
安全文明生产		

参 考 文 献

[1] 马宇青. 机电一体化综合实训考核设备组装与调试［M］. 西安：西北工业大学出版社，2021.
[2] 张培艳. 工业机器人操作与应用实践教程［M］. 上海：上海交通大学出版社，2009.
[3] 张旭涛. 传感器应用与技术［M］. 北京：人民邮电出版社，2010.
[4] 潘玉山. 液压与气动技术［M］. 2版. 北京：机械工业出版社，2015.
[5] 吕景泉. 自动化生产线安装与调试［M］. 2版. 北京：中国铁道出版社，2009.
[6] 杨效春. 传感器与检测技术［M］. 北京：清华大学出版社，2015.
[7] 徐建俊，居海清. 电机拖动与控制［M］. 北京：高等教育出版社，2015.
[8] 李月芳，陈柬. 电力电子与运动控制系统［M］. 北京：中国铁道出版社，2013.
[9] 曹建林，邵泽强. 电工技术［M］. 北京：高等教育出版社，2014.
[10] 张文明，华祖银. 嵌入式组态控制技术［M］. 北京：中国铁道出版社，2011.
[11] 张娟，吕志香. 变频器应用与维护项目教程［M］. 北京：化学工业出版社，2014.
[12] 向晓汉，宋昕. 变频器与步进/伺服驱动技术完全精通教程［M］. 北京：化学工业出版社，2015.
[13] 刘龙江. 机电一体化技术［M］. 北京：北京理工大学出版社，2012.
[14] 陈哲，吉熙康. 机器人技术基础［M］. 北京：机械工业出版社，1997.
[15] 韦巍. 智能控制技术［M］. 北京：机械工业出版社，2013.
[16] 杨杰忠，王振华. 工业机器人操作与编程［M］. 北京：机械工业出版社，2017.
[17] 叶晖，管小清. 工业机器人实操与应用技巧［M］. 2版. 北京：机械工业出版社，2016.
[18] 程剑新. 工业机器人应用的现状与未来［J］. 科技传播，2013（2）：212-213.
[19] 潘春伟. RFID技术原理及应用［M］. 北京：电子工业出版社，2020.
[20] 李嫄. 智能制造中S7-1200PLC与工业机器人的Modbus TCP通信应用［J］. 新技术新工艺. 2022，（4）：66-67.